설비 보전 관리 시스템

스마트 팩토리를 위한 CMMS

설비 보전 관리 시스템 · 스마트 팩토리를 위한 CMMS

저 자 | 한종덕
펴낸이 | 최용호

펴낸곳 | (주)러닝스페이스(비팬북스)
디자인 | 최인섭
주 소 | 서울 서대문구 연희동 340-18, B1-13호
전 화 | 02-857-4877
팩 스 | 02-6442-4871

초판발행 | 2017년 03월 29일
등록번호 | 제 12609 호
등록일자 | 2008년 11월 14일
홈페이지 | www.bpan.com/books/
전자우편 | bpanbooks@naver.com

이 도서의 저작권은 저자에게 있으며 저자 및 출판사의 허락 없이 일부 혹은 전체 내용을 무단복제하는 행위는 저작권법에 저촉됩니다.

값 20,000원
ISBN 978-89-94797-58-8 (93000)
비팬북스는 (주)러닝스페이스의 출판부문 사업부입니다.

이 도서의 국립중앙도서관 출판예정도서목록(CIP)은 서지정보유통지원시스템 홈페이지(http://seoji.nl.go.kr)와 국가자료공동목록시스템(http://www.nl.go.kr/kolisnet)에서 이용하실 수 있습니다.(CIP제어번호: CIP2017007457)

설비 보전 관리 시스템

스마트 팩토리를 위한 CMMS

한종덕 지음

| 목차 |

시작하며 - 설비 보전 관리의 중요성 · 10
시작하고 나서 - 설비 보전 관리의 개요 · 16

1장 설비 보전 관리 · 26
1. 설비 보전 관리 기능 · 27
　1.1 기존 설비에 대한 유지보수 · 27
　1.2 설비에 대한 점검 · 28
　1.3 신규 설비의 설치 · 28
　1.4 보전 자재 관리 · 28
　1.5 기술 인력 관리 · 29
2. 설비 보전 관리 정책 · 30
　2.1 작업 계획 · 30
　2.2 작업 요청 · 31
　2.3 작업 인력 · 31
　2.4 작업 관리 · 32
3. 보전 작업과 작업 비용 · 34
　3.1 작업 유형 · 34
　3.2 설비 이력 · 35
　3.3 백로그 · 35
　3.4 예방 보전 · 36
　3.5 작업 요청의 추가 관리 · 37
　3.6 수리 자재 창고 관리 · 39
　3.7 보전 부서 예산안 · 39
　　3.7.1 설비 투자 비용 · 40

  3.7.2 보전 비용 • 41
  3.7.3 설비 폐기 비용 • 41
  3.7.4 유틸리티 비용 • 42
  3.7.5 보전 예산의 편성 • 42
  3.7.6 비용 정보 제공 • 43
  3.7.7 비용에 대한 일반적인 보고서 • 44
4. 설비 보전 관리의 평가 • 45
 4.1 수행 평가 • 45
 4.2 보전 관리 평가 • 46
 4.3 보전 작업 관리자의 활동 평가 • 47
 4.4 보전 업무 책임의 분석 • 48
 4.5 보전 자재 관리 평가 • 49
 4.6 보전 업무 백로그 평가 • 49
5. 설비 보전 관리의 평가 항목 • 51
 5.1 활용과 수행 • 51
 5.2 인력 배치와 정책 • 51
 5.3 훈련 및 안전 관리 • 53
 5.4 작업 계획 담당자 교육 • 54
 5.5 업무 적극성 • 54
 5.6 단체 교섭 • 54
 5.7 관리, 예산 및 비용 • 54
 5.8 시설물 • 56
 5.9 창고와 자재 • 56
 5.10 설비 이력과 예방 보전 • 57
 5.11 엔지니어링 • 58
 5.12 작업에 대한 평가 • 59
 5.13 데이터 처리 • 60
6. 설비 보전 관리 조직의 자세 • 61
 6.1 MMM그리드의 카테고리 • 66
 6.2 MMM그리드의 스테이지 • 67
 6.3 MMM그리드를 사용하면서 • 71

2장 CMMS · 72

1. 보전 작업 계획 · 73
   1.1 계획할 작업의 유형 · 75
   1.2 보전 작업 계획 방법 · 75
   1.3 작업 시간 예상과 일정 계획 방법 · 77
   1.4 총 보유 시간 vs. 실 보유 시간 · 79
2. 보전 작업 지시 · 81
   2.1 작업 지시 번호 · 82
   2.2 작업 지시서 형식 · 83
      2.2.1 작업 지시서의 기본 형식 · 83
      2.2.2 작업 지시에 대한 일정 계획 · 84
      2.2.3 보고서 정보 · 84
   2.3 작업 지시서의 업무 프로세스 · 84
   2.4 작업 지시서의 정보 활용 · 86
3. 보전 업무의 전산화 · 88
   3.1 컴퓨터 시스템 · 90
      3.1.1 하드웨어 · 91
      3.1.2 주변 장치 · 92
4. CMMS에 대한 이해 · 96
   4.1 Computerized Maintenance Management · 96
   4.2 보전 작업에 대한 계획 · 98
      4.2.1 작업 지시서의 등록 · 100
      4.2.2 작업 지시 백로그 · 102
      4.2.3 작업 계획 및 일정 수립 · 103
      4.2.4 작업 지시서의 갱신 · 106
      4.2.5 설비 이력 · 106
      4.2.6 설비 부분품 관리 · 107
      4.2.7 일정 계획 · 107
   4.3 작업자 관리 · 108
   4.4 수리 자재 관리 · 109
      4.4.1 수리 자재의 출고 · 109
      4.4.2 수리 자재 정보 · 110
   4.5 수리 자재 재고 관리 · 112

4.5.1 재고 실사 • 112
4.5.2 수리 자재의 재구매 • 112
4.6 예방 보전 • 115
4.6.1 예방 보전 정보의 등록과 갱신 • 115
4.7 보전 관리 보고서 • 116
4.7.1 작업 지시 우선순위 분석 • 116
4.7.2 계획 수립 효율 • 116
4.7.3 인력 별 작업 효율 • 117
4.7.4 직능 별 작업 효율 • 117
4.7.5 작업 비용 • 117
4.7.6 작업 완료 현황 • 117
4.7.7 작업 백로그 현황 • 118
4.7.8 설비 이력 • 118
4.7.9 설비 별 보전 비용 • 118
4.7.10 예산 초과 비용 • 118
4.7.11 안전 작업 • 119
4.7.12 수리 자재 사용 현황 • 119
4.7.13 작업 대기 현황 • 119
4.7.14 예방 보전 미수행 현황 • 119
4.7.15 보고서 작성기 • 120

5. CMMS 패키지 선택 • 121
5.1 분석 • 121
5.2 시스템 선택 • 122
5.3 선택의 팁 • 136

6. CMMS 도입의 정당화 • 139
6.1 보전 비용 절감에 따른 효과 • 139

7. CMMS 도입 효과 금액 산출 • 141
7.1 보전 인건비에 대한 절약 금액의 산출 • 143
7.1.1 절약 금액 산출에 대한 설명 • 144
7.2 수리 자재비에 대한 절약 금액의 산출 • 146
7.2.1 절약 금액 산출에 대한 설명 • 147
7.3 프로젝트 성 보전 작업 관련 절약 금액의 산출 • 150
7.3.1 절약 금액 산출에 대한 설명 • 150

7.4 고장 손실 비용에 대한 절약 금액 산출 • 151
    7.4.1 절약 금액 산출에 대한 설명 • 152
7.5 CMMS 도입을 통한 비용 효과 • 154
8. 부수적인 효과 금액 • 155
  8.1 보증 수리 비용 • 155
  8.2 에너지 비용 • 156
    8.2.1 기계 장치 • 156
    8.2.2 전기 설비 • 157
    8.2.3 스팀 설비 • 157
    8.2.4 유·공압 시스템 • 157
  8.3 품질 비용 • 158
  8.4 업무 처리 비용 • 159
  8.5 신규 자본 투자 • 162
  8.6 구매 비용의 추가적인 절약 • 162
  8.7 자재 비용의 추가적인 절약 • 163
  8.8 지급 관리를 통한 절약 • 164
9. 시스템 구현 • 166
  9.1 현 기록 갱신 • 173
  9.2 소프트웨어 설치 • 174
  9.3 데이터 입력 • 174
  9.4 시스템 홍보 • 175
  9.5 시스템 사용자 교육 • 175
  9.6 시스템 구현 시 발생하는 문제 • 176
    9.6.1 지속적인 데이터 관리 문제 • 188
  9.7 문제 해결 • 194
10. 결론 • 195

3장 CMMS를 이용한 설비 보전 • 196

1. 효과 창출에 대한 개념 • 197
2. 예방 보전의 지능화 • 199
  2.1 예방 보전 주기 조정 • 199
  2.2 PM Band • 201
3. 보전 작업 효율의 극대화 • 203

4. 설비 보전 업무 프로세스 • 204
5. 설비 관심 체제(Asset Care System) • 205
   5.1 비전 • 205
   5.2 기본 개념 전개 • 205
   5.3 활동 단위 중추(AUC, Action Units Center) • 207
      5.3.1 자주 보전 • 207
      5.3.2 계획 보전 • 207
      5.3.3 교육/훈련 • 208
      5.3.4 정보 시스템 • 208
   5.4 관계형 처리 개체(RPU, Relational Processing Unit) • 209
      5.4.1 BNR: Bad News Reporter • 209
      5.4.2 LBS: Loop Back System • 209
      5.4.3 FPO: Few Paper Office • 210
      5.4.4 EDM: Enterprise Digital Maintenance • 210
      5.4.5 MNA: Maintenance Number Analysis • 211
      5.4.6 MFF: Maintenance with the Force of Facts • 211
      5.4.7 TMM: Touch My Machine • 212
      5.4.8 HIM: High Intelligent Maintenance • 212
      5.4.9 RAL: Repair Attendance Lesson • 212
   5.5 AUC 추진 단계별 RPU • 213
6. 보전 관리 지표 • 214
   6.1 지표 관리의 목적 • 214
   6.2 플랜트 및 설비 효율 측정 지표 • 215
   6.3 신뢰성 및 보전성 측정 지표 • 216
   6.4 보전 작업 효율 및 보전비 측정 지표 • 217

마치면서 - CMMS의 미래 • 218
마치고 나서 - CMMS의 생존 방안 • 232

찾아보기 • 242

시작하며

설비 보전 관리의 중요성

현재 산업 사회는 국내외, 업종을 가리지 않고 전쟁과도 같은 치열한 경쟁을 하고 있다. 이러한 경쟁 속에서 기업들은 생존하기 위해 원부자재에서부터 생산과 제품에 이르기까지 제조의 전 부분에 걸쳐 온갖 형태의 분석을 수행하면서 정기적으로 경쟁력을 점검하고 있다.

제조 경쟁력 확보를 위한 여러 가지 활동 중 가장 핵심이 되는 것은 비용을 절감하는 것인데, 생산 활동 전 부분 중에서 유독 설비에 대한 유지보수 영역은 필요악이라는 생각으로 인해 관리의 사각지대로 남아 있어서 설비 보전 관리는 앞으로 비용 절감을 위한 마지막 남은 중요한 영역으로 인식되어야 할 것이다.

설비 보전 관리를 통한 보전 비용의 절감은 보전 서비스나 보전 서비스의 품질에 대한 축소를 의미하는 것은 아니고, 보전 부서와 보전 업무에 대한 체계적인 관리를 의미한다. 설비 보전에 대한 체계적인 관리를 하려면 이 영역에서 발생되는 현상을 분석할 수 있어야 하는데 이러한 분석을 수작업으로 하게 되면 막대한 노력과 시간이 들어간다. 이것을 알기에 앞서가는 많은 기업들은 설비 보전 관리를 위해 이미 잘 알려진 것처럼 "설비 보전 관리 시스템(CMMS: Computerized Maintenance Management System)"을 도입하고 발전시켜 나가고 있다.

초보적인 설비 보전 관리는 고장 난 설비를 효과적으로 수리하는 것에 중점을 둔 기술적 보전이었다. 그러나 시간이 지날수록 장비가 노후되어 보전 비용이 증가하게 되었고 노후 장비를 교체하여 최신 장비가 도입된 경우 기술의 발전에 따라 자동화된 장비가 도입되었고 자동화된 장비는 보전 요소가 많고 부품들도 고가이므로 이 또한 보전 비용의 증가를 가져오게 되었다. 이러한 보전 비용의 증가는 생산 원가에 영향을 주게 되고 손익에 미치는 영향이 증가하게 되어 보전 비용은 더 이상 무시할 수 없는 관리 대상 항목으로 분류되었다. 이렇게 보전 비용을 제조 경쟁력 차원에서 관리하는 것을 관리적 보전이라 하며 기술적 보전에 익숙한 보전 조직이 빠르게 관리적 보전에 적응하기 위한 수단으로써 설비 보전 관리 시스템이 도입되었다.

설비 보전 관리의 중요성은 비용적 측면과는 또 다른 관점에서도 찾을 수 있는데 설비 대란(Asset Crisis)이라 불리게 된 대한항공 사례에서 그 이유를 발견할 수 있다. 1998년 8월부터 대한항공에서 잦은 사고가 발생하기 시작했는데 1998년 10월 9일 조선일보에 다음과 같은 기사가 실렸다.

"...65명이 다친 8월 5일 김포공항 활주로 이탈 사고를 시작으로 두 달 사이에 크고 작은 7건의 사고가 잇달아 터졌다. 사고 종류도 조종사 과실 3건, 정비 과실 3건 등으로 항공 안전의 가장 중요한 두 요소에 집중되고 있다. (중략) 건교부 한 관계자는 '올해 초 구조 조정을 이유로 정비사 1백79명을 대거 퇴직시켜 세계 최고 수준이라던 정비 부문에도 문제가 있는 것으로 보고받고 있다.'고 말했다. (이하 생략)"

또 1999년 4월 15일 조선일보에 대한항공의 안전 대책에 대한 다음과 같은 기사가 실렸다.

> "...대한항공은 지난해 일련의 사고 이후 건설교통부로부터 유례없는 국내선 6개월 감편이라는 중징계를 받았다. 그 뒤 1500억 원을 들여 미국 델타항공과 안전운항체계를 구축하고 보유 항공기 112대에 대한 종합안전대책을 추진하고 있었다. 또 지난해 구조조정으로 명예퇴직시켰던 숙련 정비사 중 일부를 다시 불러들이고 안전 결의 대회를 갖기도 했다.(이하 생략)"

대한항공의 이러한 일련의 사태를 보며 사고 원인이 다른 부문에 있을 수도 있지만 이렇게 설비(대한항공의 경우 항공기)의 장애나 고장으로 인한 잦은 사고의 발생으로 막대한 인적, 재산적 피해가 발생하는 사태를 "설비 대란"이라고 말하며 대한항공이 국내에서 발생한 설비 대란의 첫 모델로 기록될 수 있을 것이다.

대한항공의 설비 대란을 보면 두 가지 의문을 가지게 된다. 첫째는 "구조조정으로 정비사가 대거 퇴식한 것은 98년 1월이었는데 사고가 발생하기 시작한 것은 왜 98년 8월부터였는가?" 하는 것이고 둘째는 "외국의 선진 항공사들도 구조조정을 통한 정비사 감축을 했는데도 왜 대한항공과 같은 사태가 발생하지 않았느냐?"는 것이다.

즉 설비 대란은 "잠복기"를 거친 후 발생하는데 구조조정으로 인한 보전 인력 감축이 실시된 기업에서는 설비 대란이 크고 작게 발생하거나 잠복기에 있다고 판단된다. 기업에서 설비 대란이 일어나면 그 피해는 거의 살인적이라는 것은 대한항공의 안전대책을 보면 너무나 자명하고 이를 미리 대비하는 기업이 제조 경쟁력을 갖춘 선도 기업이 될 것이다.

그러면 이러한 설비 대란을 어떻게 막을 수 있을까? 여기에 대한 해답은 설비 보전 관리 부분에서 앞서가는 기업들이 어떻게 했는가를 보면 잘 알 수 있다. 이 분야에서 앞서가는 기업들은 숙련된 기술자들의 "know-how"와 설비의 고장, 수리 내역, 변경 내역, 특성 등 소위 말하는 "설비 이력 정보"가 잘 정리되고 분석되어 설비 보전에 이용하여 숙련된 기술자의 결원으로 인해 생기는 크고 작은 설비 대란을 예방할 수 있었다. 앞서가는 대부분의 기업들은 이러한 정보들을 설비보전 관리시스템을 통하여 일찍부터 관리해 왔던 것이다. 결론적으로 설비 대란을 막기 위해서는 설비보전 관리시스템의 도입이 반드시 필요한 당면 과제인 것이다.

이 책에서는 제조 경쟁력 확보를 위한 설비 관리를 보다 체계적이고 효율적으로 하기 위해서 필수적으로 도입해야 하는 설비보전 관리시스템을 성공적으로 평가하고 선택하며 또 구현하는 데 필요한 정보를 제공하며 설비 보전 관리의 문제점에 대한 효과적인 해결책도 제공할 것이다.

시작하고 나서

설비 보전 관리의 개요

자금의 흐름을 관리하는 회계 시스템과 물류의 흐름을 관리하는 생산 시스템은 이제 거의 대부분의 기업들이 기업 활동의 필수 시스템으로 갖추고 있는 실정이다. 이제 또 하나의 필수적인 시스템이 등장하게 되었는데 그것은 생산 활동의 주체가 되는 설비를 관리하는, 즉 보전 활동에 초점을 둔 설비 관리 시스템이다. 선진국에서는 이미 1980년대부터 설비 관리 시스템에 관심을 가지고 기업 활동의 중심이 되는 시스템으로 많은 투자를 하고 있으며 국내에서도 그 관심이 급증하고 있는 추세에 있다.

제조 업체의 공장은 생산 활동과 보전 활동의 두 가지의 운영 활동으로 이루어져 있다. 설비가 경영 환경에서 차지하는 비율은 매우 높지만 설비가 경영에 미치는 영향이 정확히 연구되어 있지 못한 것도 현실이다. 그런 이유들로 인하여 설비 관리는 실제의 중요도에 적합하게 평가되지 못하고 있으며, 단지 비용 요소로서만 인식되고 있다.

미국의 AT Kearney, Plant Services 등의 연구에 따르면 설비가 제조업에 미치는 영향은 다음과 같다.

- 설비 요인에 의한 생산성의 변화: 31~50%
- 설비 요인에 의한 품질의 영향: 23~31%
- 설비 요인에 의한 원가의 증감률: 22~24%
- 설비 요인에 의한 납기 준수율의 차이: 27~46%

CMMS란 일반적으로 설비 관리 시스템, 설비보전 관리시스템, 보전 관리 시스템 등으로 불린다. 설비의 라이프 사이클 중 설치 단계에서부터 운전, 보전, 폐기에 이르는 과정을 관리 해주는 시스템을 말한다. 다시 말해 보전 부서의 모든 업무를 전산화한 시스템이라 생각하면 된다

CMMS가 등장한 배경에는 보전 비용의 증가가 그 근본 이유라 할 수 있다. 이미 1990년도에 GM사가 보전 비용으로 71억 달러, IBM이 40억 달러, FORD가 30억 달러를 사용했는데 이렇게 보전 비용이 증가하게 된 것은 기존 설비의 노후화와 새로운 설비의 높은 자동화율 때문이다. 이렇게 보전 비용이 증가하게 되자 기업들은 관리의 필요성을 느끼게 되었으며 보전 활동의 중심이 기술적 보전에서 관리적 보전으로 이동되었다. 이런 상황에서 보전 업무의 효율적 관리를 위해 관리 도구로써 CMMS가 등장하게 되었다.

또 다른 CMMS의 등장 배경으로는 TPM 활동을 들 수 있다. 기업의 생산성 향상을 위한 종합적인 TPM 활동의 추진 과정 중에는 자주 보전과 계획 보전의 전산화가 필수 요소로 포함되어 있으며 TPM 활동 평가를 위한 여러 가지 관리 지표 산출이나 보고 자료 작성에 많은 시간이 필요하므로 이를 전산화하려는 움직임으로 CMMS가 등장하게 되었다.

초기의 CMMS는 ERP(Enterprise Resource Planning: 전사적 자원 관리) 시스템의 한 모듈로 소개되었으나 보전 업무의 전문성 때문에 이제는 전문적인 CMMS 패키지로 자리잡게 되었다.

기업들은 대체로 다음과 같은 이유로 CMMS를 도입하는 것으로 조사되었다.

- 보전 비용의 증가
- PONC(Price Of Non-Conformance)
- 효율 향상을 통한 에너지 절약
- 생산과 관리 업무의 분리
- 미래의 경쟁을 준비
- 고가 장비의 수명 연장

- 법적 필요성: 소방법, 건축법, 시설물 관리법, ISO9000 인증
- JIT, CIM, TQC, TPM 등의 수단
- 공장 자동화의 증가: 설비 보전 업무의 증가
- 수리 자재 재고 감소
- 생산/서비스 품질 향상
- 안전 관리
- 환경 보호

CMMS의 도입 목적은 설비의 안정적인 운전을 바탕으로 설비 종합 효율을 극대화시켜 생산성 향상을 통한 기업의 경영 혁신과 비전 달성에 있다. 즉 불량 제로, 고장 제로, 사고 제로, 납기 지연 제로의 목표를 달성하기 위한 활동을 통하여 계획 보전 체제 구축, 보전 비용 절감, 설비 및 보전 효율성 향상, 기회 손실 최소화 등의 효과를 볼 수 있다. 이런 목표 달성을 위하여는 사람, 기계, 부품과 이를 체계적으로 관리할 수 있는 방법론이 필수적이며 CMMS는 실제적으로 작업 관리, 일정 관리, 설비 정보 관리, 부품 관리, 표준 관리, 공사 관리, 개선 활동 관리 등의 관리 기능을 제공한다.

CMMS를 통하여 달성해야 하는 또 다른 목표로는 가용성(Availability), 신뢰성(Reliability), 보전성(Maintainability)의 확보, 즉 ARM의 확보가 있으며 이 목표의 달성에는 비용적 측면이 고려되지 않으면 안 된다. 많은 비용을 들여서 정말 설비를 잘 관리하였다 하더라도 경제적 타당성이 없다면 아무런 소용이 없는 것이다. 보전 업무에 종사하는 사람들은 유한 자원 내에서 위의 3가지 목표를 달성해야 한다.

가용성의 확보란 설비를 사용하고자 할 시점에 사용할 수 있는 것을 의미하는 것으로서, 보전 담당자들은 기업 내의 서비스 제공자로서 역할을 해야 한다. 즉 운전 요원들이 설비와 시설물을 필요로 하는 시점에 제공할 수 있어야 한다는 것이며, 신뢰성의 확보란 설비가 가동될 때 필요한 수준의 품질을 가진 제품이나 서비스를 생산할 수 있다는 것이다. 마지막으로 보전성의 확보란 설비는 많은 부분에서 기계적 장치들로 구성되어 있으며, 이것들은 사용에 따른 마모 등으로 인하여 반드시 열화와 진부화가 발생한다. 전기적 장

치들도 이러한 열화를 피할 수 없다. 이는 어느 시점엔가는 반드시 고장이 난다는 것을 의미하는데 한번 고장이 발생하였을 시에 이를 손쉽게 고칠 수 있어야, 즉 MTTR(Mean Time To Repair, 평균 고장 수리 시간)을 줄일 수 있어야 한다.

ARM의 3가지 목표는 이론적 의미로서 가치가 있지만 실제로 보전 부서에서 이를 직접적인 목표로 삼을 수는 없다. 현실적인 수집과 측정이 가능한 지표들은 하나의 수치 속에 여러 의미가 포함되어 있기 때문이다. 따라서 다음과 같은 몇 가지 요소들을 성과 지표로 관리하도록 한다.

- 고장율 저감: 설비의 가용성을 확보하기 위하여서는 고장이 없어야 한다. 고장의 정의에 따라 다르지만 신뢰성의 확보와도 상당한 관계가 있다.
- 정비 품질의 향상: 설비의 신뢰성 확보에 가장 관계가 깊다.
- 정비 기술의 축적: 정비 기술의 축적은 결과적으로는 ARM 3가지 목표를 모두 달성할 수 있는 것이지만 1차적으로는 유지보수 용이성을 확보하는 것과 가장 밀접한 관계가 있다.
- 대응 속도의 향상: 정비 업무의 프로세스를 개선하여 고장의 발생으로부터 수리 담당자의 인지까지의 소요 시간을 줄이고, 관련 자원(인력, 장비, 자재 등)을 신속히 수배하여 작업을 개시하는 것은 가용성의 확보에 가장 큰 영향을 미친다.
- 비용 절감: 비용의 절감은 통상 일반적인 설비 관리의 지표로서 사용되나 실제로는 두 가지의 의미를 포함하고 있다. 목표에 접근해가는 결과로서의 의미와 목표 달성을 위하여 투입한 비용의 의미이다.

이러한 목표들을 달성하기 위한 수단으로는 예방 보전을 활성화하며 지식 관리 강화, 정비 기술 환경의 개선, 백로그(Backlog) 경감, 자원 할당의 효율화 등을 들 수 있다. 예방 정비, 예방 점검 등의 계획과 결과 관리를 체계화하여 보다 큰 틀의 예방 보전 체제를 구축하며 기존의 정비에 관한 지식이 표준화되어 관리될 수 있도록 하고 지식의 공유와 전수가 될 수 있는 체제를 만들어야 한다. 정비에 필요한 모든 자원, 즉 인력, 자재, 치공구, 외주 인력, 정비 기술, 도면, 관련 문서, 이력 등 모든 것들이 정비 작업자를 위하여 적시적재에서 공급될 수 있도록 하고 백로그의 경감을 위해서는 로드밸런싱(Load Balancing)을 할 수 있도록 하여 자원의 홀딩 코스트(Holding Cost)를 최소화시킨다. 자원의 할당과 수급은 보전 활동에 있어서 크리티컬 패스(Critical Path)의 역할을 하게 되는 때가 있다. 중요하지 않은 자원들이 이러한 상황에 처하게 되는 경우를 가능한 한 없애야 하므로 자원 할당의 문제를 신중히 고려해야 한다.

위와 같은 문제들을 해결한다면 설비 관리 부문에서 상당한 이익을 창출할 수 있다. 어느 기업의 생산 이익률이 5%라고 한다면 설비 관리에서 1억 원의 비용을 절감한다면 20억 원의 생산 및 판매 증대와 동일한 효과가 있다. 목표의 달성을 위하여서는 다음과 같은 부문들에 대한 연구와 개선이 필요하다.

업무 흐름에 대한 개선이 필요하다. 다른 부문과 마찬가지로 현재의 업무 흐름을 개선하여 비효율적인 부분 혹은 경제적 이익을 창출하지 못하는 없어도 되는 업무 부분을 제거하는 작업이 필요하다. 개선된 업무 흐름이 정보화의 대상이 될 때 원하는 이익을 얻을 수 있다.

설비 관리를 개선한다는 것은 데이터와의 전쟁이다. 많은 설비와 구성품, 그리고 구성품들의 제원과 성능 등 데이터의 준비와 분석이 훌륭할수록 좋은 결과를 기대할 수 있다. 설비에 관한 이력의 철저한 관리와 활용은 보전 지식의 활용도를 높여주며, 예방 보전을 위한 표준 데이터들은 정비의 계획성과 예측성을 높여준다. 그리고 기술의 발전으로 말미암아 하나의 범주 내에서 관리할 수 있게 된 많은 종류의 데이터(Multi Media Data)들을 활용함으로써 정비 수준의 향상을 가져올 수 있다.

프로세스와 데이터는 정보 기술에 의하여 보다 효율적으로 활용될 수 있다. 효율적인 CMMS는 어떠한 도구보다 보전 업무의 생산성을 높여줄 수 있다. 이러한 CMMS를 선택하고 구축하는 과정이 중요하지 않을 수 없다. CMMS는 보전에 관한 전반적인 업무를 지원해야 함은 물론, 작업의 계획성과 예측성을 높여주고, 비용을 절감시킬 수 있으며, 미래에 발전하리라 예상되는 업무 부문에 관한 지원이 가능해야 한다.

설비 관리 전산화의 기대 효과는 대상 업체와 목표에 따라 어느 정도 차이가 있을 수 있지만 대체로 몇 가지로 종합될 수 있다. 첫째가 관리를 위한 서류 작업이 현저히 줄어들 수 있다는 것이며, 둘째는 정비를 위한 부품 재고 관리에 효율을 기할 수 있다는 것이다. 세 번째로는 작업 환경의 개선 효과 등의 부대 효과를 거둘 수 있고, 최종적으로 이러한 효과들의 결과로서 설비의 효율적 관리라는 목표를 달성할 수 있다. 각 효과들을 좀 더 세부적으로 정리해보면 다음과 같다.

설비 관리 관련 부서의 서류 작업은 크게 작업 일지 및 설비 이력 관리에 관계되는 작업과 예방 보전에 따른 계획 작업 그리고 이에 소요되는 수리 자재의 관리 작업 등의 3가지로 나누어볼 수 있다. 그중에서 수리 자재 관리에 관계되는 작업은 재고 관리의 효율화에 따른 효용에도 해당된다.

먼저 작업 일지 및 설비 이력에 관계되는 서류 작업의 경감 효과를 살펴보면, 작업 일지의 기록과 이력 관리가 따로따로 이루어지지 않고 작업 일지의 기입이 곧 이력 관리로 연결된다는 것과 기록된 이력 자료는 사용자가 원하는 시점에 곧바로 분석 자료의 기초로 제공될 수 있다는 것이다. 이러한 자료의 자동적인 정리 결과로 관리 항목 파악이 용이해지고 장부로의 전기 등 서류 작업이 경감된다. 또한 연간 정비 자료의 활용이 용이해지며 보고 자료의 자동 취합, 손쉬운 가동 실적 관리, 장비 교체의 의사결정 지원 등의 효과를 볼 수 있다.

한편 예방 보전 계획은 설비 관리 부서의 사무 작업 중에서 가장 어려우며, 변경에 따른 수정 작업이 많은 부분으로서 실제로는 현업에 잘 적용되지 못하고 있는 개념이다. 전산 시스템은 이를 자동적으로 처리하며 수정 작업을 손쉽게 하므로 예방 보전을 보다 쉽게 적용할 수 있게 한다. 또 기존에 이미 예방 보전 개념을 도입하고 있는 기업이라고 할지라도 시스템 적용을 통하여 약 15-20%의 인력 절감 및 부대 효과를 가져올 수 있다. 또한 많은 설비를 관리할 경우의 중복 작업 지시를 배제할 수 있는 효과가 있다.

수리 자재 재고의 관리는 대규모 설비에 의존하는 오늘날의 제조 기업에 있어서 뜨거운 감자로 등장하고 있다. 국내의 대형 제조업체들도 통상 수십억 원에 달하는 수리 자재 재고를 가지고 있으면서도 정비 작업에서는 수리 자재 결품으로 인한 수리 지연이 빈번하다. 수리 자재 재고를 효율적으로 관리하면 원가 절감 효과가 크다는 것은 알고 있지만 여러 가지 어려움 때문에 이를 제대로 관리하지 못하고 있기 때문이다. 수리 자재 재고의 종류가 너무 다양하여 통일된 코드를 유지하기가 곤란하다는 것과 현장에서의 소규모의 빈번한 불출에 대하여 입고/불출의 문서화가 따라가지 못한다는 것 등이 이러한 문제들을 더욱 복잡하게 만들고 있다. 또한 효율적인 위치 관리 체계를 갖추지 못하여, 가용 재고가 실제로는 있음에도 불구하고 이를 제때에 찾지 못하고 결품으로 인식하고 긴급 발주를 내는 등 관리 체계도 부실한 것이 모든 현장에서의 현실이다.

이러한 총체적인 수리 자재 재고 관리의 문제에 대하여 설비 관리 시스템은 여러 조사 결과들에서 상당한 효과가 있음을 나타내고 있다. 1~3%의 불용 자재 재고 절감과 10~15%의 재고 유지 비용 절감, 수리 자재 결품으로 인한 수리 지연 및 긴급 구매에 따른 급행료의 절감 등이 그 주된 효과로 나타나고 있고, 이외에도 다양한 관리 방안을 제공하여 효율적인 위치 별 관리를 통한 유사시 대체품의 신속한 수배 기능을 가질 수 있고, 소요량의 사전 예측에 따른 청구/발주의 효율화를 기할 수 있다.

설비 관리 관련 부서 작업 인원들의 근무 여건은 대부분의 기업에서 매우 좋지 못한 상황에 있는 것이 사실이다. 따라서 작업 환경의 개선은 의욕적인 정비 분위기를 제공하여 결과적으로는 정비 효율을 상승시킨다. 특히 정비 일정이 자동적으로 생성되므로 각 작업자들은 자신의 일정을 사전에 어느 정도 관리할 수 있으며, 따라서 효율적인 개인 시간 관리가 가능하다. 이는 종래의 일일 작업량 결정 방식에 비하여 상당한 사기 진작 효과를 가져온다.

또한 항상 격무에 시달리는 조직이라면 실제로 조직원 개개인과 조직 전체의 작업량이 얼마나 되는지를 경영자에게 보고할 수 있는 좋은 근거를 마련해주며, 적절한 예방 보전을 통한 고장율의 저감으로 안전사고를 방지하는 효과를 아울러 가져올 수 있다. 작업 지시에 있어서도 종래의 천편일률적인 작업 지시와 달리 각 상황에 필요한 작업의 순서와 필요한 부품 그리고 부품의 위치 등을 미리 알려주므로 여러 가지 준비 작업에 의한 시간의 소비를 최대한 줄이고 정비 작업 본연의 임무에 더욱 충실할 수 있는 여건을 조성해 준다.

설비 관리 시스템의 목표는 설비의 효율적 관리를 통한 가동률 증대, 제품 품질의 향상 및 원가 절감이라고 할 수 있다. 통상 설비 관리 전산 시스템은 20%의 고장시간 감소 효과를 가져오며, 3~5%의 에너지 비용 절감 및 5~15%의 설비 관리 관련 예산의 절감 효과를 가져온다. 그리고 설비 가동의 안정화를 이룩하여 제품 품질의 균일화, 품질 관리의 용이화, 품질 불량률의 감소를 달성할 수 있다. 또한 사전에 설비 보수 계획을 생산 부서에 통보하고 조정함으로써 정확한 생산 계획의 작성에 기여할 수 있게 된다. 또한 고장율의 감소와 수리 자재 결품으로 인한 고장 수리의 지연이 줄어들어 장비 고장으로 인한 대형 경비가 감소하게 된다. 즉 생산에 기여하는 적극적인 설비 관리가 이루어진다.

미국의 유명한 모 식품 회사는 CMMS의 도입으로 인하여 유지보수 효율이 10% 상승하였고 전체 생산 활동 효율은 5~7% 상승하였다고 보고하고 있고, 다른 한 제조 회사는 단 6개월 만에, 여타의 파급 효과를 고려하지 않았음에도 불구하고 유지보수 활동비에서만 약 51,000 달러를 절감했다는 사례도 있다.

1장
설비 보전 관리

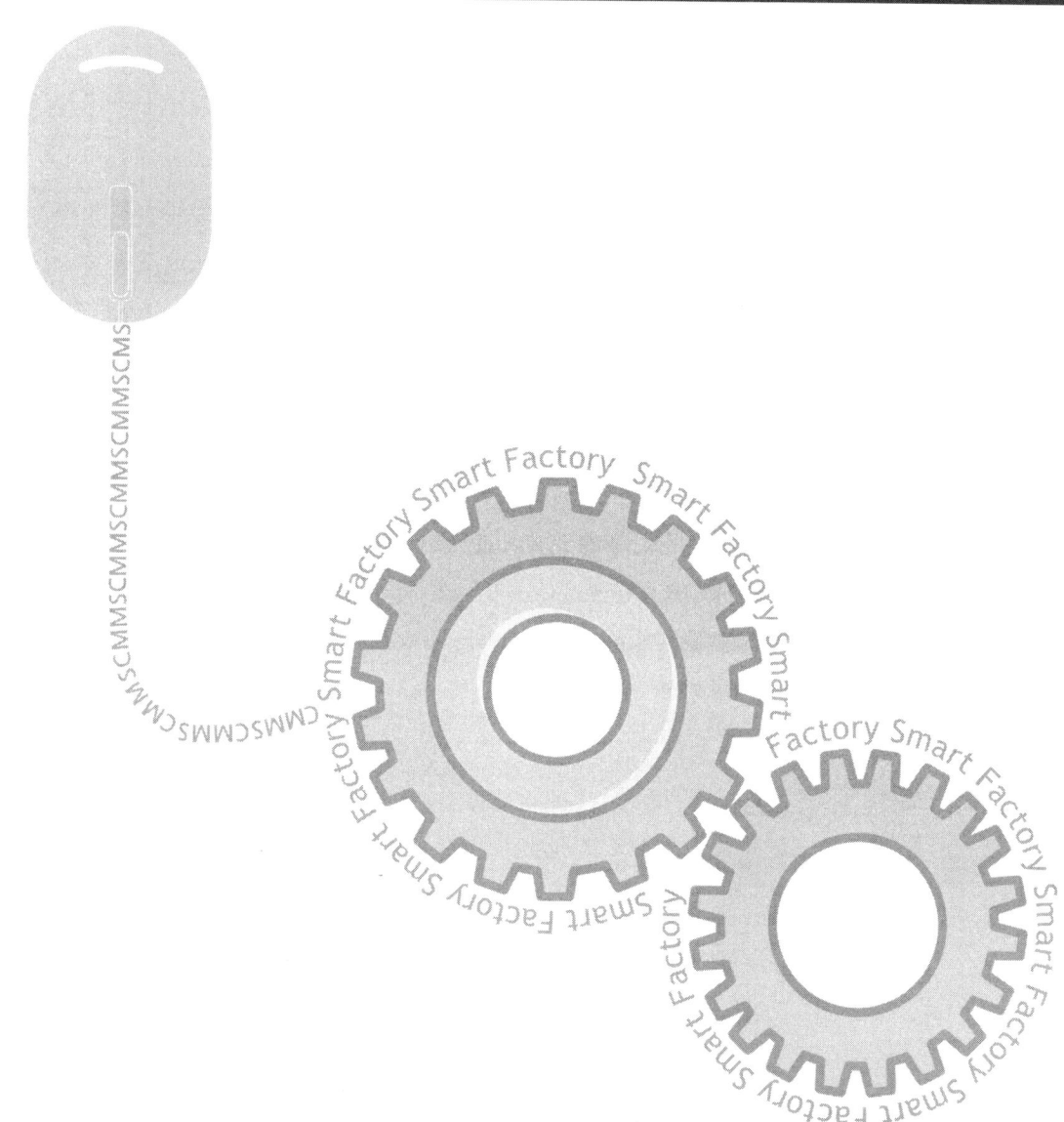

1. 설비 보전 관리 기능

설비 관리 시스템을 이해하려면 먼저 설비 보전 관리의 목적과 기능에 대해 알아야 한다, 생산 조직의 목적이 품질(Q), 비용(C), 납기(D)를 만족시키면서 제품을 생산하는 것이라면 보전 조직의 목적은 좀 더 복잡하며 다음과 같이 다섯 가지 중요 영역으로 분류할 수 있다.

1.1 기존 설비에 대한 유지보수

기존 설비에 대한 유지보수는 보전 부서의 존재 이유이다. 보전 부서는 가능한 신속하고 경제적으로 고장 난 설비를 수리하고 설비의 상태를 항상 최적으로 유지해야 한다. 이를 위하여 과거 고장 수리에 대한 경험을 바탕으로 하여 고장 원인에 대한 예측과 최적의 수리 작업을 위한 계획을 수립할 수 있어야 하며 설비의 상태를 최적으로 유지하기 위해서는 효과적인 예방 점검 프로그램도 실시해야 한다.

유지보수 업무를 효과적으로 수행하려면 숙련된 기술자와 현대적인 수리 도구나 장비가 필요하며 이를 이용한 최상의 정비 방법도 개발되어 있어야 한다. 그러나 이 보다 더 중요한 것은 모든 정비 작업을 정확하게 기록해 두는 것이다. 정비 작업에 대한 정확한 기록의 제공 없이는 효율적인 유지보수 업무 수행이 불가능하기 때문이다.

1.2 설비에 대한 점검

설비가 안전한 상태에서 정상적인 작동 상태에 있는지 또 적절한 정비가 이루어졌는지에 대한 점검은 보전 부서의 일상적인 업무이다. 이러한 일상적인 점검이 설비를 운전하는 사람에 의해 이루어질 경우도 있지만 보전 부서에서는 이러한 모든 점검 작업을 감독해야 한다.

윤활제 주입 작업도 점검 작업의 한 유형으로 볼 수 있으며 제조사나 기술 담당자는 해당 설비에 적합한 윤활제의 종류와 주입 시기, 주입량 등을 결정하고 보전 부서에서는 이에 따라 주기적으로 윤활제를 주입하면서 설비의 상태를 점검한다.

1.3 신규 설비의 설치

이 업무는 산업 형태에 따라 매우 다양한 형태로 처리된다. 신규 설비의 설치와 설비 정비에 드는 총 노동력 규모도 산업의 형태에 따라 결정된다. 빈번히 설비를 대체해야 하는 몇몇 산업 형태에서는 설비 설치 부서를 별도로 두는 경우도 있다. 또 어떤 산업 형태에서는 필요한 설비 설치 인력 없이 대형 설치 프로젝트를 수행하고 외부 인력을 이용해서 필요한 설치 인력을 수급하기도 한다.

1.4 보전 자재 관리

이 업무 영역에는 설비의 수리와 유지에 필요한 수리 자재들을 구매하여 분배해 주는 것이 포함된다. 이 업무에는 몇 가지 중요한 작업이 포함되어 있다. 먼저 설비의 각 부분품에 맞는 필요한 수리 부품들을 정의하여 기록하는 것이다. 수리 자재들을 기록하면서, 정비 부서는 각 부품의 재고 수준을 설정해야 한다. 수리 자재를 사용하고 나서 재고가 수준 이하로 떨어진 경우 해당 수리 자재에 대한 발주가 이루어져야 할 것이다.

발주 과정은 사용하고 있는 수리 자재의 결품을 예방하는 데 중요하다. 결품은 설비 고장이 발생할 경우 수리를 하지 못하게 되어 생산이 중단되는 결과를 초래한다. 또한 수리 자재의 결품이 없는 상태에서 가능한 재고 수준을 낮게 유지해야 하며 낮은 재고 비용은 경영 성과 지표 개선에 기여할 것이다.

1.5 기술 인력 관리

보전 부서의 인력을 관리하는 업무이다. 총 보전 인력의 규모를 결정하는 가장 효과적인 방법은 처리하지 못하고 남아있는 작업을 검토하는 것이다. 이를 검토해 보면 각 기술 영역 별로 인력 규모를 쉽게 결정할 수 있다. 담당 업무가 변경되고 설비가 추가되거나 제거 될 때 총 보전 인력 규모는 필요에 따라 조정할 수 있다. 기술 관리에 필요한 도구들이나 기술 지원 업체를 제공하는 것도 이 업무 영역에 포함된다.

2. 설비 보전 관리 정책

보전 부서의 각종 정책들을 결정할 때는 다음과 같은 보전 업무의 목적을 살펴보아야 할 것이다.

① 제조 원가에서 차지하는 유지보수 비용을 가능한 한 낮게 유지할 것
② 제품의 품질 요구 사항들을 충족시킬 것
③ 필요한 설비가 항상 사용 가능한 정상적인 상태를 유지할 것
④ 사용하지 않은 설비의 유지보수 비용을 최소화할 것
⑤ 생산 활동을 위한 설비들을 충분히 제공하고 보수할 것
⑥ 효과적이며 숙달된 관리를 제공할 것

일단 중요한 목적들을 수립하고 나서 보전 부서의 정책들을 마련해야 한다. 이 정책들은 보전 업무의 목적을 달성하는 데 기여할 수 있는 것이어야 할 것이다.

첫 번째 검토되어야 할 정책들 중 하나는 보전 부서 작업자들에 대한 작업의 할당일 것이다. 작업의 할당은 보전 작업 계획으로부터 시작된다.

2.1 작업 계획

어떠한 보전 작업 계획도 100% 지켜질 수는 없다. 예상하지 못한 설비의 고장이나 작업 결과들로 인하여 작업 계획을 지킬 수 없기 때문이다. 그럼에도 좋은 보전 작업 계획은 70~90% 정도는 계획을 지켜 작업할 수 있어야 한다. APS(Advanced Planning and Scheduling) 등과 같은 스케줄링 툴을 사용하면 계획 작업을 자동화하여 보다 좋은 계획을 수립할 수 있다.

가장 효과적인 작업 계획은 주간 단위로 작업 계획을 수립하는 것이다. 계획 수립 기간을

길게 할수록 계획 대비 실적률은 떨어지게 되는 데 주간 계획 이상의 작업 계획은 예상치 못한 기계 고장이나 작업 결과 때문에 많은 변경이 발생할 것이다. 보전 작업 계획의 변경은 결과적으로 작업 우선순위의 변경을 의미하는 것이므로 보전 작업 계획을 수립한다는 것은 작업의 우선순위를 정하고 상황에 맞게 이 우선순위를 변경 관리한다는 것이다.

2.2 작업 요청

설비 보전 관리 정책에는 적절한 작업 요청 정책이 수립되어 있어야 한다. 작업 요청이 접수되면 이를 승인하기 위한 절차도 반드시 정해져 있어야 한다. 일단 작업 요청이 승인되면 작업 요청서에는 작업 우선순위를 결정할 수 있는 정보를 기입해야 한다. 작업 우선순위는 설비 사용 부서와 보전 부서에서 사전에 합의하여 표준화시킨 정량적인 수치를 사용한다. 이 우선순위를 사용하여 승인된 작업을 언제 처리할 것인지를 결정하게 된다.

또 다른 형태의 작업 요청은 예방 보전에 의해 발생하며 예방 보전과 고장 수리 사이의 관계를 정립하는 정책이 수립되어 있어야 할 것이다. 예방 보전과 고장 수리 간에 나타나는 관계 그래프에 의하면 고장 수리가 증가할수록 보전 비용도 증가하며 예방 보전이 일정 수준에서 증가할수록 보전 비용은 감소한다.

따라서 예방 보전 비용과 고장 건수에 대한 상호 관계에 대해 적절한 검토가 필요하다. 어떤 설비의 경우엔 예방 보전에 인력과 수리 자재들을 투자하기보다는 고장났을 때만 수리하는 게 더욱 경제적일 수도 있다. 예방 보전에 드는 비용이 고장 수리 비용보다 더 들거나 같다면, 예방 보전 수준이 과도하다는 것이고 이것을 과다 보전(Over Maintenance)이라고 하며 보전 비용의 낭비 요소이다.

2.3 작업 인력

보전 부서의 총 인력을 결정하기 위한 정책도 필요하다. 이 정책은 보전 부서 내부의 작업 인력을 투입할 것인지 아니면 외부 인력을 투입할 것인지를 선택하는 것이다. 이 결정을 내릴 때 다음과 같은 점을 고려해야 한다.

① 작업의 유형

② 이용할 수 있는 작업자의 기술 스킬

③ 작업의 긴급도

④ 설비에 대한 보안 문제

⑤ 설비가 단품인지 조립품인지 여부

보전 작업 인력의 근무 형태는 생산 부서의 작업 형태에 따라 결정된다. 24시간 작업하는 공정이라면 보전 인력도 이에 맞춰 근무해야 한다.

그러나 하루 3교대 24시간 근무하는 형태에서도 오후와 야간 근무조의 인력을 제한하고 주간 근무조가 대부분의 작업을 수행하도록 하는 것이 좋다. 주간 근무조에 인력을 집중시키면 작업 관리를 보다 효과적으로 할 수 있게 된다. 이렇게 하는 근무 형태는 일본에서 성공적으로 운영된 사례가 있다.

2.4 작업 관리

보전 관리 정책에는 기업을 유연하고 효율적으로 운영하기 위한 관리 방안이 세밀히 수립되어 있어야 한다. 그중 하나는 문서 작업에 대한 것이다. 충분한 문서 작업은 설비 관리의 이슈들을 추적하기 위해서 매우 중요하지만 문서 작업이 너무 과도하면 많은 노력과 커뮤니케이션이 필요하기에 보전 업무 전체에 영향을 미치게 된다.

작업 결과를 기록하는 일련의 표준 형식을 설계하는 것이 좋다. 이 형식들을 통해 모든 작업자들과 관리자들은 경영자가 어떤 정보를 요구하는지 알 수 있게 된다.

경영자가 비용 관리를 시작하기 위해서는 관리할 비용 항목들에 대한 관리의 책임을 관리자들과 감독자들에게 부여해줘야만 한다. 예를 들어 보전 관리자가 작업에 투입된 작업자의 일일 작업 투입 시간에 대해 책임을 져야 한다면 작업자들에 대한 통제권을 주어야 한다. 또 전년 대비 보전 비용의 증감에 대해 책임져야 한다면 보전 비용에 대한 통제권도 주어야만 한다.

이 두 가지는 보전 관리자들을 평가하는 것과 관련된 기본적인 지표들이다. 또 다른 관리 지표로는 작업 인력에 대한 인건비 대비 수리 자재 비용과 설비 가동 시간에 대한 비가동 시간의 비율이다.

3. 보전 작업과 작업 비용

모든 기업들의 최종 목적은 수익을 얻는 것이다. 수익을 얻는다는 것은 모든 재정적인 거래와 비용을 긴밀히 관리하는 것을 의미한다. 보전 부서도 기업의 최종 목적에 부합하려면 수익에 관련된 보고서가 필요해진다. 보전 부서에는 몇 가지 비용 영역이 있으며 가장 중요한 두 영역은 인건비와 재료비이다. 인건비는 인력 투입 현황을 이용하여 관리할 수 있다. 특히 초과 근무가 많은 곳에서는 중요한데 초과 근무에는 비용이 많이 들 수 있기 때문이다. 초과 근무 시간을 관리하지 않으면 인건비 전체가 과도하게 증가하게 된다.

재료 비용은 보통 설비의 수리 자재들에 대한 비용이다. 설비를 고장나기 전에 수리해 주면 고장 나서 수리할 때보다 약 30%의 비용을 절감할 수 있다. 이런 비용에 대한 관리를 통해 보전 비용이 적정하게 사용될 수 있게 할 수 있다.

3.1 작업 유형

보전 작업의 부하에 대해 균형을 유지하려면 수행 중인 작업 유형들을 모두 분석해야 한다. 이 분석을 하려면 작업의 각 유형 별로 투입된 시간들을 살펴보아야 한다. 일반적으로 중요한 작업 유형들은 다음과 같다

① 고장 수리
② 계획 정비
③ 예방 정비
④ 긴급 정비
⑤ 자주 보전

각각의 작업 유형 별로 투입된 시간과 비용을 관리하면 작업 계획 수립과 작업 효율성 향상에 도움이 될 것이다.

3.2 설비 이력

설비 이력은 다음과 같은 두 가지 형태의 데이터들을 제공해야 한다.

① 수리 비용

② 수리 이력

수리 비용에는 수리에 사용된 수리 자재 비용과 수리하는 데 투입된 인건비가 포함된다. 수리 비용은 설비의 수리 비용을 예측하거나 과도한 수리비가 사용된 설비를 확인하는 데 도움을 준다. 비슷한 설비의 수리 비용들과 비교하면 수리 작업이나 수리 비용 문제들을 해결하는 데 도움을 받을 것이다.

수리 이력은 작업 유형과 수리의 내용에 대한 정보를 제공한다. 이 정보를 통해 긴급 정비가 필요한 설비나 혹은 불충분한 예방 정비를 받은 설비를 파악할 수 있다. 이 수리 이력은 또한 설비에 반복적으로 나타나는 문제들을 발견하는 데 도움을 주어 그 문제들을 조사하여 해결함으로써 결국 수리 비용을 절감하게 한다. 수리 이력에서 얻은 정보는, 평균 고장 발생 시간(Mean Time Between Failure, MTBF)과 평균 복구 시간(Mean Time To Repair, MTTR)을 구하는 데 이용할 수 있어야 한다.

3.3 백로그

모든 작업에 대해 작업 지시서를 발행하고 작업 지시서에 작업 결과를 기록하여 이를 파일로 보관하면 우선순위 별로 쉽게 검색을 할 수 있게 하며 설비에 문제가 발생하면 그 문제에 대한 정확한 영역을 표시해준다. 백로그를 이용하면 인력의 배치 계획을 수립하고 불필요한 간접 비용을 절감하는 데 도움을 받을 수 있다.

3.4 예방 보전

예방 보전을 하기 위해서는 예방 보전을 실시할 설비와 예방 보전을 실시하지 않을 설비를 구분하고 예방 보전 방법, 주기 등에 대한 세부적인 계획을 수립해야 한다. 설비의 고장과 파손은 설비의 설치 직후나 설비의 수명이 끝나가는 시기에 증가하는데, 설비 생애에 대한 고장, 파손 그래프를 그리면 통상 U자 형태의 그래프가 그려진다. 이 그래프를 통해 고장이 많이 발생하는 시기의 설비들은 예방 보전을 강화하고 안정적인 상태의 설비들에 대해서는 예방 보전을 통상적인 수준에서 실시하면 된다.

예방 보전에 대한 계획을 수립할 때 고려해야 할 점들은 다음과 같다.

① 수리 비용이 과다하게 드는 설비 혹은 생산 활동에 비중이 큰 설비, 환경 안전이나 보안이 중요한 설비 등 정밀 검사를 해야 할 설비에 대한 범위
② 설비 별 자주 발생하는 고장에 대한 주요 점검 포인트, 점검의 정밀도, 설비의 복잡성, 점검 작업자의 기술 수준 및 훈련 정도
③ 설비 검사의 주기를 시간 기준으로 하는 TBM(Time Based Maintenance)으로 할 것인지, 설비의 사용량을 기준으로 하는 UBM(Usage Based Maintenance)으로 할 것인지에 대한 결정
④ 예방 보전 작업에 대한 문서 작업의 범위와 관리하고 보존해야 할 정보의 종류 결정

문서 작업에는 상세하게 해야 할 필요가 있는 업무도 있지만 그렇지 않은 경우도 있다. 문서 작업은 꼭 필요한 정보만 관리하여 문서 작업에 소요되는 시간을 가능한 줄여야 할 것이다. 이러한 사항을 예방 보전에 대한 기록과 보존에 반영시켜야 한다.

설비 정비의 상세한 기록은 적절한 보전 계획의 수립과 예방 보전 주기를 결정할 수 있게 해주며 이를 통하여 설비에 대한 효율적인 정비를 가능케 하여 설비의 고장을 예방하는 데 도움을 주기 때문에 아주 중요하다.

3.5 작업 요청의 추가 관리

작업 요청을 하는 데 있어서 다음과 같은 항목들도 추가적으로 관리해야 한다.

① 작업 요청에 대한 승인
② 요청된 작업의 우선순위
③ 작업 시간 및 비용에 대한 예상

작업 요청에 대한 승인이란 요청된 작업에 대해 실제로 작업을 진행할 것인지 말 것인지를 결정하는 과정으로 이를 통해서 쓸모 없거나 불필요한 작업들이 요청되거나 진행되지 않도록 해야 한다. 작업에 대한 승인 과정을 둠으로 꼭 필요한 작업만이 요청될 수 있도록 하여 작업 수행을 효과적으로 할 수 있도록 해야 한다. 특히 비용이 많이 들고 복잡한 작업이 요청될 경우에는 담당자, 책임자, 관리자 순으로 여러 단계의 승인 과정을 두는 게 유용하다.

요청된 작업의 우선순위를 정하면 시급하고 중요한 작업이 통상적인 작업보다 먼저 수행될 수 있어서 유한한 보전 자원으로 최대의 보전 효과를 낼 수 있도록 해준다. 우선순위는 다음과 같이 최소한 다섯 가지 유형을 사용해야 한다.

① 비상 정비: 재산, 인명, 환경에 문제가 되는 고장에 대한 정비 작업
② 긴급 정비: 생산 활동에 차질을 주는 고장에 대한 정비 작업
③ 일반 정비: 24시간 이내 수행하면 되는 정비 작업
④ 반복 고장: 반복되는 고장에 대한 정비 작업
⑤ 예방 보전: 계획에 의한 정비 작업

요청된 작업의 우선순위는 작업에 대한 우선순위와 설비에 대한 우선순위를 곱하여 정하는 것이 일반적인 방법이다. 각 등급을 1~10까지로 정하고 작업과 설비 두 가지 우선순위의 등급을 곱하면 1에서 100까지, 100단계의 우선순위 등급을 만들어낼 수 있다.

작업 우선순위는 요청된 작업의 상대적인 중요성에 따라 정해진다. 예를 들면 재산, 인명, 환경에 문제가 되는 위급 상황에 대한 정비 요청은 최고 등급인 10점을 주게 되며 정리 정돈, 청소 등과 같은 작업은 최저점인 1점을 주는 방식이다.

설비 우선순위는 생산 활동에 직접적인 영향을 많이 주는 설비를 우선순위가 높게 정하면 된다. 예를 들어 변압기 등 설비에 전기를 공급하는 장치는 고장이 나면 즉시 생산 활동이 중지되기 때문에 생산 활동에 미치는 영향이 크므로 최고 우선순위 등급인 10점을 주고 사무실 형광등은 고장이 나더라도 생산 활동에 직접적인 영향을 미치지 않기 때문에 최저 등급인 1점을 준다. 만약 변압기에 불이 난 경우 작업 우선순위 10점에 설비 우선순위도 10점으로 요청된 작업의 우선순위는 최고 등급인 100점이 되며 사무실 형광등의 교체 작업은 작업 우선순위 및 설비 우선순위 모두 1이므로 작업 요청의 우선순위는 최저 등급인 1점이 된다.

이러한 우선순위를 효율적으로 관리하기 위해서는 설비 코드를 부여할 때 생산 공정과의 연관성을 가지도록 해야 하며 생산 부서와 보전 부서 모두 작업 요청서에 요청 작업에 대한 우선순위를 기록하고 이에 따라 작업이 이루어질 수 있도록 해야 한다. 경우에 따라 일정 기간 동안 생산 공정 중의 특정 설비에 우선순위를 일시적으로 높일 수도 있고 낮추어 관리할 수도 있을 것이다.

작업 시간에 대한 예측은 작업 일정 계획을 수립하기 위해 중요하기 때문에 작업 요청 시 관리되어야 하며 작업 일정 계획에 따라 요청한 작업이 수행될 때까지 얼마의 시간이 걸리는지를 알 수 있게 된다. 비용에 대한 예상은 작업 계획 수립 시에 참고가 되며 과다한 비용이 드는 경우 여러 단계의 승인 과정을 거치게 하여 비용 효율적인 작업 계획을 수립할 수 있도록 한다.

3.6 수리 자재 창고 관리

수리 자재와 수리 자재 창고에 대한 관리를 제대로 하려면 다음과 같은 사항들을 고려해야 한다.

① 모든 수리 자재에는 자재 번호가 부여되어 있는가?
② 현 재고량에 대한 파악이 가능한가?
③ 출고 요청 시 사용 예정일에 대한 정보가 있어서 이에 따라 출고 계획을 수립하고 있는가?
④ 부품 단가와 재고 금액에 대한 관리가 되고 있는가?
⑤ 필요에 따라 수리 자재를 창고에서 입출고시킬 수 있는가?

이런 질문들은 수리 자재 재고 관리에 대해 생각하는 데 도움을 줄 것이다. 수리 자재 재고가 너무 많으면 경영 관리 측면에서 자본이 불필요하게 많이 묶여 있게 된다. 따라서 적정 재고 수준의 유지는 자본의 유동성 확보를 위해 반드시 필요하다. 설비 별 수리 자재, 대체 부품 정보, 부품 단가 등의 정보는 적정 재고 수준을 관리하는 데 아주 유용한 정보이다. 그러나 재고를 너무 많이 줄여서 수리 자재의 결품으로 인한 설비의 고장 수리 지연이 발생해서는 안 된다. 즉 수리 자재의 결품으로 인한 고장 수리 지연 없는 범위 내에서 재고 수준을 낮추어야 한다.

3.7 보전 부서 예산안

보전 부서에서 예산 관리를 하는 데에는 다음과 같은 목적이 있다.

① 회계 부서에 회계 장부 정리를 위한 보전 비용 정보 제공
② 생산 부서에 내부 관리와 수행 평가에 필요한 정보 제공

또한 보전 부서에서 사용되는 비용은 대체로 다음과 같이 분류된다.

① 설비 투자 비용
② 보전 비용
③ 설비 폐기 비용
④ 유틸리티 비용

3.7.1 설비 투자 비용

설비에 대한 투자는 매우 광범위하게 발생하며 어떤 경우에는 이러한 설비 투자를 통해 업종을 변경시키기도 한다. 설비나 장비의 한 부품이 새로 도입된 경우 이것은 미래의 이윤을 창출하기 위해 비용이 지출된 것으로 자산의 증가를 가져오는 설비의 획득이나 개선을 의미한다. 이를 회계적으로 말하면 자산의 취득이라 한다. 지출된 비용의 규모나 액수는 이를 자산의 취득으로 볼 것인지 아닌지를 결정하는 데 중요한 요인이 된다. 일정 액수 이하의 설비 투자는 비용으로 처리하고 일정 액수 이상의 설비 투자에 대해서만 자산의 취득으로 보는 것이 일반적이다. 또한 자산의 취득으로 보는 경우 취득한 자산에 대해서는 감가상각이 이루어진다.

설비 투자에는 설비의 도입 이외에도 설비 개선에 들어간 비용도 포함된다. 설비의 내구성, 생산성, 효율성 등의 개선, 설비의 현대화 등을 설비 개선이라 한다. 이를 통해 기존 설비들의 유효 수명을 연장하게 된다.

설비의 대체는 설비 투자의 또 다른 유형이다. 이는 설비의 특정 부품이나 부위를 다른 부품으로 대체하는 것과 예방 보전의 결과로 고장나기 전 부품을 교체하는 것을 말한다. 이런 부품이나 부위의 대체나 교체는 해당 설비의 유효 수명을 연장시키게 된다. 이런 설비의 대체 작업을 유휴 정비(Shutdown Maintenance), 개량 보전(Retrofit Maintenance)이라 부른다.

3.7.2 보전 비용

보전 비용에는 공장이 운영 중인 상태에서 플랜트와 그 설비를 유지하기 위해 사용된 모든 지출이 포함된다. 주로 비상 정비, 긴급 정비, 일반 정비 및 예방 보전 등에 들어가는 비용을 말한다.

비상 정비나 긴급 정비는 주요 설비에 대해 고장이 발생하기 직전이나 고장 발생 직후에 수행한다. 일반적으로 비상 정비란 재산, 인명, 환경에 문제가 되는 위급 상황에 대한 정비이다. 비상 정비는 즉시 하지 않을 경우 만회할 수 없는 손실이 초래될 수 있다. 긴급 정비는 일반적으로 생산 활동에 영향을 주는 고장에 대한 정비이며 고장이 일어난 때부터 24시간 내에 처리해야 하는 정비이다.

예지 보전을 포함한 예방 보전은 고장이 발생할 때 하는 일반적인 정비와는 다른 형태이다. 예방 보전에는 세밀한 검사, 사소한 조정들과 일반적인 정비 및 주유 작업 등이 포함된다. 설비를 청소하거나 페인트를 칠하는 것조차 예방 보전에 포함될 수 있다. 예방 보전에 들어 가는 비용은 사소한 것이라도 관리하여 예방 보전 비용이 그 설비의 실제 가치 이상으로 들지 않도록 해야 한다.

보전 비용에 대해서는 각 정비 형태 별로 예산과 지출을 별도로 관리해야 한다. 특히 고장 수리 비용과 예방 보전 비용은 반드시 분리하여 관리해야 하는데 이는 고장 수리 비용이 보전 비용의 핵심 항목이기 때문이다. 또한 예산과 지출도 별도로 관리하여 예산 대비 지출의 차이에 대한 분석을 통해 비용 지출의 효율성을 높여야 하며 이를 통해 실제 작업이 발생하지 않은 작업 활동 비용이 부풀려지는 것을 방지할 수 있다.

3.7.3 설비 폐기 비용

더 이상 쓸모 없거나 사용하지 않는 설비를 폐기하는 데 드는 비용을 설비 폐기 비용이라 한다. 일반적으로 설비의 한 부분을 폐기하는 비용이 아니라 설비 전체를 폐기하는 비용을 말한다. 최근에는 대부분 외부 공사 업체를 통하여 설비를 폐기하고 있으며 설비 폐기 비용을 절감하기 위해 설비를 매각하고 구매자에게 설비를 이전해 가도록 하고 있다.

3.7.4 유틸리티 비용

대부분의 공장 플랜트에는 증기, 전기, 물, 압축 공기 및 천연가스 등의 생산과 공급 시설이 포함되어 있다. 이런 시설을 유틸리티 시설이라고 하며 하수 시설을 유틸리티 시설에 포함시키기도 한다. 이러한 유틸리티 설비는 통상적으로 보전 부서에서 관리하며 생산된 유틸리티들은 생산 부서에 공급된다. 따라서 유틸리티 생산 비용, 사용 비용과 유틸리티 시설 보전 비용 등은 그 예산과 지출이 일반 보전 비용과는 별도로 관리되어야 한다.

3.7.5 보전 예산의 편성

보전 부서에 대한 예산은 설비 별 비용에 대한 과거 자료를 기초로 해서 편성하면 된다. 일반적으로 전년도 설비 비용 증감률을 가지고 비슷한 증감률을 적용하여 내년도 설비 비용 예산을 산출해 낸다. 예산 관리 시스템을 이용하면 월간 단위로 예산안과 실제 지출된 비용을 비교할 수 있다. 이렇게 하면, 월별로 예산 대비 비용이 초과된 부분을 쉽게 알 수 있으며, 또 예산 통제를 통하여 비용 초과를 예방할 수 있으며 미래에 발생할지도 모르는 예산 초과 비용을 사전에 통제할 수 있게 된다.

유지보수 비용의 각 부분은 다음과 같은 항목들로 나눌 수 있다.

① 설비

② 재고

③ 인력

④ 외주

⑤ 보전 간접비

⑥ 플랜트 간접비

설비는 하나의 장치로 구입되거나 또는 공장에서 하나의 설비로 조립된 것을 말한다.

재고란 수리 자재 창고나 공장 내 창고로 옮겨진 부품들을 말한다. 부품이란 설비를 구성하는 하나의 작은 부분들을 말한다. 따라서 통상 재고라 함은 설비 부품의 재고를 말한다. 즉 설비와 재고 부품은 구별되어 관리되어야 한다.

인력은 통상적으로 실제 작업에 투입된 기능 인력의 투입된 시간을 의미한다.

외주는 외부에서 투입되는 통상적인 인력 지원이나 공사 업체, 조달 업체를 통해 수배된 전문 기술 인력의 지원을 의미하고 설비의 임대나 엔지니어링 서비스도 외주 영역에 포함된다.

보전 간접 비용에는 작업 지시서가 발행되지 않는 모든 작업과 관련된 지출이 포함된다. 회의, 교육 훈련 등이 대표적인 것들이다. 간혹 관리 감독이나 엔지니어링 서비스를 간접 비용에 포함시키기도 하지만 일반적으로는 특정 작업의 비용으로 처리한다. 보선 간접 비용에 포함될 수 있는 또 다른 유형은 설비들에 대한 감가상각 비용, 수리 자재의 재고 비용, 드릴, 장갑 등과 같은 잡자재 비용, 설비에 대한 보험 비용 등과 같은 것들이 있다. 드물게 건물 임대료, 냉난방 비용도 보전 간접 비용에 포함시키기도 한다.

플랜트 간접 비용이란 보전 부서를 포함하는 모든 부서에서 공통으로 부담해야 하는 관리 비용을 말한다. 즉 특정 부서에 할당할 수 없는 관리자 임금, 서비스 부서의 운영 비용뿐만 아니라 플랜트 운영에 필요한 비용 등으로 플랜트 간접 비용이 구성된다.

3.7.6 비용 정보 제공

일단 정보를 사용할 목적으로 기록하였다면, 이 정보는 시스템에 입력하여 어느 때든지 보전 업무를 위한 최신 정보를 제공할 수 있도록 해야 한다. 또한 시스템에 입력된 정보는 회계 업무에도 바로 사용될 수 있는 형식으로 저장되어야 한다. 일반적으로 입력되는 정보는 다음과 같은 요구 조건들을 갖춰야 할 것이다.

① 인력과 자재 활용에 대한 유효한 정보를 제공할 것

② 관리 상 주의가 필요한 영역들을 조기에 발견할 수 있도록, 비용 추세에 대한 정보를 제공할 것

③ 보전 비용이 비정상적으로 투입되는 설비에 대한 정보를 제공할 것

④ 모든 보전 비용은 설비나 생산 제품 별로 집계가 가능할 것

이러한 정보의 요구 조건들은 자료의 습득과 분류하는 방법에 의해 충족된다. 따라서 비용 보고에 대해 세심한 관리를 하면 보전 업무에 필요한 양질의 정보를 얻을 수 있다.

3.7.7 비용에 대한 일반적인 보고서

보전 비용을 관리하는 데는 두 가지 유용한 보고서가 있는데 예산 대비 지출 보고서와 예산 변동 보고서이다. 예산 대비 지출 보고서는 각 원가 부서 별로 매월 작성된다. 즉 보전 예산과 실제 지출된 인건비, 재료비, 외주비, 기타 비용 등 보전 비용을 대비하여 보고서가 작성된다. 이 예산 대비 지출 보고서를 통해 관리자는 플랜트 운영 비용이 예산 한도 내에 있는지를 알게 된다. 또한 앞에서 말한 원가 항목별로 보고서가 제공되기 때문에 문제가 많은 설비나 지출이 많은 보전 작업 등의 문제점을 찾아내는 데 도움을 준다.

예산 변동 보고서는 예산을 초과한 모든 부서의 예산 항목 별로 초과 지출 금액을 집계한 보고서이다. 이 보고서를 통해서 관리자는 예산을 초과하는 문제 항목에만 집중할 수 있다. 만약 예산 초과 항목에 대해 동일한 고장 수리 비용이 여러 번 발생하였다면 예산을 초과한 이유를 쉽게 알아낼 수 있을 것이다.

4. 설비 보전 관리의 평가

보전 기능에 대한 광범위한 평가 방법에 대해 알아보며, 평가에 의해 드러난 결함들을 시정하는 방법을 알아본다.

4.1 수행 평가

보전 기능에 대한 평가는 보전 업무 관련자들에 대한 수행 평가로부터 시작된다. 보전 업무 담당자에 대한 수행 평가는 다음과 같은 평가 항목을 사용한다.

① 업무에 대한 지식

② 업무 수행 능력

③ 업무 수행 태도

④ 업무 주도력

⑤ 창의성

⑥ 유연성

⑦ 업무에 대한 감각

⑧ 리더십

⑨ 업무 협조 능력

⑩ 임기응변 능력

⑪ 근태

⑫ 개인 건강 상태

보전 관리자들의 경우는 아래 항목을 추가해야 한다.

⑬ 조직 관리 능력

⑭ 경영 능력

⑮ 행정 처리 능력

수행 평가 방법은 상기 항목에 대해 1에서 10점까지의 점수를 매기면 된다. 평가 결과를 분석할 때 담당자와 함께 검토해야 하며 특별한 업무에 대해서는 담당자와의 상담이 필요할 수도 있다. 기업 전반에 걸쳐 문제점이 드러나면, 거기에 맞는 훈련 프로그램을 마련해야 한다.

4.2 보전 관리 평가

보전 관리 부분에 대한 평가를 하기 위해서는 다음의 네 가지 질문이 중요하다.

① 보전 자원 이용에 대한 보고서가 사용되고 있는가?
② 보전이 이루어지지 않는 부분에 대해 상세히 추적이 되고 있는가?
③ 초과 근무가 보전 작업자의 하루 작업 시간의 5%를 초과하는가?
④ 일상적인 업무 수행에 외주 업체를 이용하는가?

위의 처음 두 질문에는 "그렇다"는 답이 나와야 하며, 뒤의 두 질문에는 "그렇지 않다"는 답이 나와야 한다. 이렇게 답이 나오지 않았다면 해당 부분의 업무 영역에 대해 적절한 조치가 필요하다. 보전 업무에 대한 계획과 제어 부분은 확고한 정책에 따라 수행되어야 하며 계획 수립 방법을 개선하고 작업자들에 대한 기술의 효용성을 강조해야 한다. 작업자들을 효율적으로 작업에 투입하고 있지 않다면 보전 계획이나 작업 일정 계획 수립 기능들을 면밀히 검토하여 보전 생산성을 높일 수 있는 개선책들을 마련해야 한다.

초과 근무가 과도하게 발생한다는 것은 고장이 발생하면 그때마다 고장 수리 작업을 하는 소위 "화재 진압" 형태의 보전 업무가 일상화되어 있다고 볼 수 있다. 유지보수 차원에서 이런 화재 진압 형태의 업무 상황은 매우 비효율적이며 예방 보전과 계획 정비를 통해 이런 상황을 해결하도록 해야 한다.

일상적인 업무나 상근직에 외주 업체를 이용하는 것은 매우 비효율적이다. 일상적인 업무를 처리하는 데 기존의 상근직만으로 처리가 불가능하다면 상근직의 인원을 늘려야 한다. 이렇게 해야 유휴 보전 작업이나 대형 프로젝트 성격의 보전 작업에 외주 업체들을 이용할 수 있게 될 것이다.

4.3 보전 작업 관리자의 활동 평가

보전 작업 관리자의 기본적인 업무 활동은 다음과 같으며 이러한 기본적인 업무 활동이 제대로 수행되는지를 평가해야 한다.

① 작업을 원활히 수행할 수 있는 적절한 기능을 갖춘 작업자의 선정
② 작업 시 이용 가능한 정비 기술의 분석
③ 비상 사태 발생 시 기존 작업을 일시 중단 후 비상 정비 수행
④ 수리 자재의 결품으로 인한 작업 지연 예방
⑤ 수행된 작업에 대한 정비 품질에 대한 책임
⑥ 작업 요청 및 작업 지시가 적시에 완성되도록 확인

보전 작업 관리자는 충분한 인력을 확보하여 자기 시간의 60% 내지 그 이상을 후속 업무를 위해 사용할 수 있도록 해야 한다.

또한 통상 보전 작업 관리자는 다음과 같은 업무를 수행해서는 안 되며 다음과 같은 업무를 위해서는 별도의 담당자를 두어 처리하고 보전 작업 관리자는 그 결과만 관리해야 한다.

① 보전 작업 일정 수립

② 수리 자재, 공구 또는 장비의 재고 관리

③ 작업 요청서 접수 및 우선순위의 결정

④ 매뉴얼, 설계도, 기술 도면을 작업자에게 제공

⑤ 설비 수리 이력이나 설비 점검 내용의 기록과 처리

이러한 보전 작업 관리자의 활동이 정상적으로 수행되려면 관리 활동에만 전념할 수 있도록 보조 인력의 확보는 필수적이며 관리 보조 인력의 도움으로 보전 작업 관리자는 관리에 꼭 필요한 업무만을 수행할 수 있게 될 것이다.

4.4 보전 업무 책임의 분석

보전 업무 책임의 분석을 위해서는 다음과 같은 질문을 해보아야 한다.

① 모든 보전 인력은 적절한 부서에 배치되어 있는가?

② 작업 지시 관리 업무는 보전 작업, 작업에 필요한 기술 인력, 작업 백로그를 해당 부서별로 추적하고 관리하고 있는가?

작업 지시서는 반드시 정확한 부서와 인력, 자재 및 관련 업무를 관리할 수 있도록 사용되어야 한다.

관리 시스템에 대한 접근은 단순한 방식으로 접근할 수 있는 것은 아니다. 관리 시스템에서 분석하는 정보가 정확하지 않다면 예산안 분석, 작업 인력 소요 분석, 보전 업무 백로그 분석 등은 의미 없는 것이 되기 때문이다. 보전 업무에 대한 제대로 된 관리 분석을 하려면 일차적으로 정확한 정보가 기록되고 관리되어야 할 것이다.

4.5 보전 자재 관리 평가

설비들을 정상 상태로 유지하기 위해 필요한 수리 자재나 보전 자재들을 구입하고 보관하는 데 있어 비효율적인 업무 절차들 때문에 생산 지연이나 불필요한 비가동 시간이 발생하게 된다. 수리 자재 창고나 보전 자재 창고에 가보면 수많은 부품이나 자재들이 먼지 쌓인 선반 위에 놓여 있는 반면 당장 작업에 사용할 부품이나 자재들은 결품되어 입고를 기다리고 있는 것을 종종 보게 된다.

보전 자재 관리에 대한 평가를 위해 다음과 같은 질문들을 해보아야 한다.

① 작업에 사용될 자재는 확보하고 있는가?
② 총 재고 금액은 파악하기 쉬운가?
③ 작업 일정을 계획하는 단계에서 자재 사용 예약을 할 수 있는가?
④ 각 자재 별로 저장 위치 관리가 되고 있는가?
⑤ 작업이 완료되면 사용하지 않은 부품이나 자재들을 다시 창고로 반품하고 있는가?
⑥ 모든 공구, 부품, 조립 부속품, 보전 자재 등을 쉽게 이용할 수 있는가?

위의 질문 중 "그렇지 않다"라는 답이 나오는 항목이 있으면 자재 관리의 효율성 향상을 위해 해당 영역에 좀 더 주의를 기울여야 한다. 또한 소규모의 자재 관리는 수작업으로 처리가 가능하기는 하지만 규모가 커지면 창고 관리와 재고 관리 등 보전 자재 관리를 자동화해서 관리의 효율성을 기하고 비용 절약도 할 수 있도록 해야 한다.

4.6 보전 업무 백로그 평가

보전 업무에 대한 백로그 관리는 보전 부서의 업무 효율성을 결정하는 핵심 부분이다. 백로그 관리에서 문제를 일으키는 몇 가지 원인으로는 작업에 대한 불완전한 계획 수립, 작업 정보에 대한 기록과 관리의 미흡, 일정 계획 미준수 등이 있다. 보전 업무 백로그에 대한 평가를 위해서는 다음과 같은 질문들을 해보아야 한다.

① 백로그를 처리하기 위해 추가로 소요되는 다운타임을 예상할 수 있는가?
② 정비 기술 별로 작업에 대한 우선순위를 결정하는가?
③ 보전 작업에 대한 우선순위가 관리되며 이를 신뢰할 수 있는가?
④ 보전 업무 백로그가 총 보전 인력의 규모를 관리하는 데 사용되는가?

이 질문들에 대한 대답은 작업 지시에 대한 백로그 상태를 반영한다. 요청된 작업은 매일 작업 계획과 일정 계획을 수립해야만 한다. 일정 계획은 반드시 작업의 우선순위와 완료 요청일, 작업자들에 대한 일정, 수리 자재나 보전 자재, 설비의 가동 상태 등을 고려해야만 한다.

백로그에 문제가 발생할 때는 각 부서 별, 작업자 별 업무 분장을 조정하는 것이 문제 해결에 도움이 될 것이다.

구습이란 잘 없어지지 않음을 명심해야 한다. 보전 업무의 수행이 다년간 고효율적이 아니었다면, 앞에서 언급된 변화들을 구현하기가 쉽지 않을 것이다. 작은 것부터 단계적이고 점진적으로 문제를 해결해 나가는 것이 구습을 쉽게 일소하는 데 도움을 줄 것이다.

5. 설비 보전 관리의 평가 항목

5.1 활용과 수행

A. 보전 관리 요소 중 현재 활용되고 있는 것은?

B. 기본적인 보전 관리 업무 중 현재 수행되고 있는 것은?

C. 현재 보전 관리 방법의 수준은 어느 정도인가?

D. 현재의 생산성은 어느 정도인가?

(위의 각 항목의 값을 백분율로 구하고 이를 다 곱하여 총 보전 생산성을 구할 수 있다.)

E. 건물과 토지의 보존 상태는 양호한가?

F. 생산 설비, 펌프, 트럭, 크레인 등과 같은 기계들의 보존 상태는 양호한가?

G. 예방 보전 주기 변경이나 예방 보전의 수행 여부를 결정하기 위해 매년 모든 건물과 설비를 점검하는가?

H. 보전 부서 예산안에는 다음 사항이 포함되어 있는가?

　① 설비나 치공구에 대한 검사 비용

　② 계획된 오버홀(Overhaul)이나 턴어라운드(Turnaround) 비용

　③ 보전 자재 구입 비용

　④ 예방 보전 수행 예산

5.2 인력 배치와 정책

A. 조직 구성도는 현재 사용하는가?

　① 사용하는 조직도는 최신인가?

　② 각 조직에 대한 업무 매뉴얼이 있는가?

B. 각 직종 별로 업무 매뉴얼이 있는가?

C. 월급자에 대한 시간 당 작업 비용 책정을 위해 시간 당 급여가 정해져 있는가?

D. 아래와 같은 업무의 담당자가 있는가?

    ① 보전 계획 수립

    ② 작업 일정 작성

    ③ 보전 자재 관리

    ④ 보전 창고 관리

    ⑤ 보전 작업 또는 설비 엔지니어링 서비스

    ⑥ 교육 훈련

E. 작업자는 충분하고 유능하며 숙련되어 있는가?

F. 보전 관리자 1명이 관리하는 작업자가 8~14명 사이인가?

G. 보전 관리자들은 작업자들과 교대 당 6시간 이상을 같이 하고 있는가?

H. 작업 요청과 작업 지시에 시스템이 사용되고 있는가?

    ① 주어진 시간, 인력 범위 내에서 작업이 계획되고 있는가?

    ② 중요하지 않은 작업은 대기 상태로 되어 있는가?

I. 작업 지시서의 처리 과정을 모든 담당자들이 이해하고 있는가?

J. 작업에 대한 체계적인 승인 과정이 있는가?

K. 작업에 대한 우선순위 체계가 있는가?

L. 비상 보전 작업이 전체 작업량의 5% 이하인가?

M. 실 작업 인력이나 자재 등 실 보유 자원으로 일정 계획을 수립하는가?

N. 백로그는 직능 당 보유 인력 자원 이하인가?

O. 분기 별로 남아 있는 불필요한 작업들을 삭제하고 백로그를 정리하는가?

P. 주간 작업 계획 수립을 위한 생산 부서와 보전 부서 간의 주간 일정 회의를 하는가?

Q. 필요 인력 산출이나 인력 배치에 백로그를 사용하는가?

5.3 훈련 및 안전 관리

A. 다음과 같은 직책 별 훈련 프로그램은 있는가?

① 보전 관리자

② 작업 관리자

③ 보전 작업자

④ 보전 지원 인력

B. 어떤 생산성 훈련 프로그램이 있는가?

① 작업 단순화

② 작업 방법 기술 개선

③ 기본 작업 분석

④ 작업자 관련 지시 사항

⑤ 상호 소통과 위임

C. 훈련은 어떻게 실시되고 있는가?

D. 기술 훈련 프로그램은 있는가?

E. 기술 훈련은 어떻게 실시되고 있는가?

F. 각 직책 별로 최소한 요구되는 업무 기술 사항이 있는가?

G. 각 부서의 필요 인력은 교육 훈련을 통하여 수급되고 있는가?

H. 관리자와 작업자들에게 정기적인 기술 훈련이 실시되는가?

I. 모든 인력에 대해 안전 교육이 매월 실시되고 있는가?

J. 보전 안전 기록은 개선되고 있는가?

K. 안전 점검은 매월 실시되고 있는가?

L. 모든 보전 자재는 24시간 내에 작업장에서 치워지는가?

M. 모든 작업자들은 규정된 안정 장비를 사용하는가?

5.4 작업 계획 담당자 교육

A. 작업 계획을 수립하고 있으며 계획 수립을 위한 담당자가 있는가?

B. 작업 계획 수립에 대한 교육이 이루어지고 있는가?

5.5 업무 적극성

A. 작업자와 관리자 사이의 관계는 어떠한가?

B. 업무 효율 저하에 인력의 수준의 문제가 있는가?

C. 정기적으로 승진 인사가 시행되고 있는가?

5.6 단체 교섭

A. 최종 근로 계약 기간 중 파업이 있었는가?

B. 고충 처리 절차는 불만을 해결하기에 적절한가?

C. 접수된 불만에 대한 해결 비율은 얼마인가?

5.7 관리, 예산 및 비용

A. 보전 업무 관리 수단으로 다음과 같은 항목이 이용되는가?

　① 작업 현장에서의 작업 수행 정보

　② 작업 예산

　③ 과거에 수행된 유사한 형태의 작업

B. 다음과 같은 지표들을 관리하고 있는가?

　① 고장 시간

　② 보전 효율

　③ 작업 계획 적용 범위

　④ 시간 당 보전 작업 비용

　⑤ 생산 효율

　⑥ 백로그 시간

　⑦ 초과 근무 시간

C. 작업 완료 시부터 보고서가 작성되기까지 시간은 적절한가?

D. 보고서는 얼마나 자주 작성하는가?

E. 실 직업 시간과 보고된 작업 시간의 차이는 없는가?

F. 요약 보고서의 정보는 적절한가?

G. 각종 보고서들은 보고 절차에 따라 보고되고 있는가?

H. 작업 지시서를 작성하는 시간이 전체 근무 시간에서 차지하는 비율은 적절한가?

I. 작업 지시에 소요되는 시간의 비율은 적절한가?

J. 작업 계획을 수립하기에 충분한 시간이 주어진 작업의 비율은 적절한가?

K. 모든 유휴 작업은 계획에 의해 실시되는가?

L. 비상 정비를 제외하고 모든 작업은 작업 시작 전에 작업자와 수리 자재를 확인하는가?

M. 반복적으로 실시되는 작업에 대한 표준이 있는가?

N. 승인, 결제, 전결 등의 규정이 있는가?

O. 작업 책임자는 작업자와 수리 자재에 대한 소요 정보를 볼 수 있는가?

P. 작업 계획과 실행 사이에서 발생한 차이에 대해 그 사유가 모두 관리되고 있는가?

Q. 보전 작업의 수행에 대한 책임은 작업을 요청한 설비 사용 부서에 있는가?

R. 중요 보전 설비는 중점 관리되고 있으며 보전 비용이 높은 이유에 대한 사유가 관리되고 있는가?

S. 보전 비용 절감 방법을 논의하기 위해서 정기적인 회의가 실시되고 있는가?

5.8 시설물

A. 현재 설비에 대한 배치 계획은 있는가?

B. 보전 작업장의 구조는 작업하기에 편하고 효율적인가?

C. 작업장의 정리 정돈 상태는 양호한가?

D. 안전 장비와 안전 주의 표시들은 적절히 사용되고 있는가?

E. 장비와 공구의 상태는 양호한가?

F. 관리자와 작업자들을 위한 사무실 공간은 충분한가?

G. 조명은 어떠한가?

H. 유틸리티 시스템들(가스, 수도, 에어, 전기)은 매년 점검과 보수를 하고 있는가?

5.9 창고와 자재

A. 창고 별 재고 현황은 실시간으로 관리되고 있는가?

B. 주요 자재에 대한 재고 관리를 지속적으로 하고 있는가?

C. 입출고에 대한 전표나 필요한 경우 취소 전표 등이 발행되고 있는가?

D. 보전 부서나 작업자들에게 공구 목록이 제공되고 있는가?

E. 수리가 되지 않고 있는 공구들은 얼마나 되는가?

F. 창고에 있는 자재에 대해 EOQ(Economic Order Quantity)를 계산하는가?

G. 발주된 자재들이 납기 내에 입고되는 비율은 양호한가?

H. 구매 시 중요한 설비 부품들의 입고 일시는 관리되고 있는가?

I. 보전에 필요한 모든 자재에 대해 리드타임이 제공되고 있는가?

J. 구매 시 업체의 서비스 수준을 평가해서 신중하게 업체를 선정하는가?

K. 모든 자재에 대해 재고 상한치와 하한치가 설정되어 관리되고 있는가?

L. 모든 자재들은 재고 관리 규정에 따라 평가되고 있는가?

M. 장기 재고를 없애기 위해 분기 별로 실사가 이루어지는가?

N. 작업을 위해 예약된 자재들은 별도로 보관 관리되고 있는가?

O. 설비 별 사용 자재 목록이 관리되고 있는가?

P. 창고 재고는 창고에 저장되어 있는 모든 자재의 현 재고를 보여 주는가?

5.10 설비 이력과 예방 보전

A. 주요 설비에 대해서는 수리 이력이 관리되고 있는가?

B. 설비 이력 기록들을 최소 일 년에 한번씩 검토하는가?

C. 예방 보전이 실시되고 있는 설비의 비율은 적절한가?

D. 각 설비에 대해 다음과 같은 항목들이 관리되고 있는가?

    ① 고장 추이

    ② 일정에 따른 예방 보전

    ③ 예방 보전 작업 지시의 준수

E. 작업 지시서를 포함한 설비 이력 정보는 최소 2년 이상 보존되고 있는가?

F. 예방 보전과 관련된 제조사의 권장 사항은 파일로 보관되어 있는가?

G. 주요 설비의 고장에 대해 조치를 하기 위해 고장 원인을 분석하는가?

H. 예방 점검과 관련하여 제조사에서 추천한 점검 항목들에 대한 점검은 이루어지고 있는가?
I. 최신 진단 기술들과 진단 장비들을 사용하고 있는가?
J. 예방 보전에 대한 작업 지시가 시스템에 의해 자동으로 생성되는가?
K. 실행되지 않는 예방 점검이 없도록 보장하는 장치가 시스템에 있는가?
L. 윤활유의 급유나 안전 점검과 같은 형태의 예방 보전에 대해 작업 경로는 사전에 정의되어 있는가?
M. 예방 보전 수행을 위한 예산은 확보되어 있는가?
N. 예방 보전을 보다 효과적으로 하기 위해 예방 보전 주기나 예방 점검 항목 등의 조정이나 변경을 매년 검토하는가?

5.11 엔지니어링

A. 고장 시간을 줄이기 위해 신뢰성 있는 엔지니어링을 이용하는가?
B. 고장과 복구에 대한 다음 항목 값들은 각 설비에 대해 적절한가?
   ① 평균 고장 발생 시간(MTBF, Mean Time Between Failures)
   ② 평균 복구 시간(MTTR, Mean Time To Repair)
C. 예방 점검 작업 경로에 포함된 설비의 비율은 적절한가?
D. 엔지니어링 관련 설계들은 최종 설계 완료된 내용이 관리되고 있는가?
E. 엔지니어링 관련 설계 시 보전 작업 정보를 고려하는가?
F. 신규 설비 도입 검토 시 보전 업무도 포함되어 있는가?
G. 보전 자재에 대한 표준화 작업이 지속적으로 수행되고 있는가?
H. 최신 보전 정보를 갱신할 때 보전 작업에 이용할 수 있는 엔지니어링 관련 설계서들이나 자료를 작성하는가?

I. 보전 자재의 체계적인 확보를 위해 엔지니어링 차원에서 설비의 분해 조립을 통해 설비 별 부품 목록을 작성하는가?

5.12 작업에 대한 평가

A. 다음과 같은 보전 작업 시간에 대한 표준은 적절한가?

① 예상 작업 시간

② 표준 작업 시간

③ 측정한 작업 시간

④ 표본 작업 시간

⑤ 계산에 의한 작업 시간

⑥ 과거 작업 시간

B. 표준 작업 시간에 대한 실제 작업 시간의 비율은 적절한가?

C. 작업 비용에서 인건비가 차지하는 비율을 계획적으로 관리하는가?

D. 작업자의 생산성과 작업 지연의 원인들을 규명하기 위하여 작업에 대한 표본 조사가 정기적으로 수행되는가?

E. 작업에 대한 표본 조사 결과를 보전 업무 개선에 사용하는가?

F. 현실성 있는 작업 실행 표준을 기준으로 작업 일정 계획을 수립하는가?

G. 작업 표준에 근거한 직무 별 월간이나 주간 작업 수행 보고서는 있는가?

H. 모든 파손으로 인한 고장은 15분 이내에 조치를 시작하는가?

I. 일과 시작 후 15분 내로 작업이 시작되고 일과 시간 15분 전에 작업이 완료되는가?

J. 안전 관리나 작업 수행에 문제가 없다면 기본적으로 한 작업에는 한 명의 작업자만 배정되는가?

5.13 데이터 처리

A. 보전 업무를 처리하기 위한 정보 시스템은 갖추고 있는가?

B. 정보 시스템에 저장된 보전 정보는 보전 업무 처리에 적절한가?

C. 보전 정보 시스템은 실시간으로 정보를 처리하는가?

6. 설비 보전 관리 조직의 자세

보전 관리 조직이 발전하기 위해서는 조직의 목적을 분명히 해야 한다. 조직의 목적을 달성하기 위한 일반적인 방법은 다음과 같다.

① 조직의 목적 설정
② 목적을 달성하기 위한 측정 가능한 목표 수립
③ 목표들에 대한 허용 오차 범위 설정
④ 오차를 일으키는 문제에 대해 필요한 해결책 마련

보전 조직을 정비하고 기업의 목적을 달성하기 위해서는 위와 같은 일반적인 방법들을 적용해야 하며 이는 세계 수준의 기업이 되기 위한 기회를 제공할 것이다. 예를 들어 기업이 세계적인 수준이 되기 위해 JIT(Just-In-Time), TQC(Total Quality Control), TEI(Total Employee Involvement) 같은 프로그램들을 도입하려고 할 때 설비에 대한 관리가 신뢰할 수 없거나 부실하다면 이런 프로그램들을 제대로 도입할 수 없을 것이다.

JIT의 각종 기법들이 아무리 훌륭해도 정상 가동이 가능한 설비가 60% 이하라면 JIT 프로그램은 정상적으로 동작하지 못할 것이다. 그렇다고 고장 난 설비를 그대로 두고 신규 설비를 추가로 구매하는 것은 매우 어리석은 방법이다. 따라서 모든 설비가 정상 가동이 가능한 상태를 유지할 수 있도록 설비에 대한 유지보수가 필요하며 이를 통해 설비의 신뢰도를 높이는 것이 JIT 기법을 도입할 수 있는 역량을 갖추는 것이라 말할 수 있다.

TQC의 경우를 생각해 보면 품질 관리에 생각보다 훨씬 많은 보전 담당자가 개입되어 있다. 대대수의 기업에서 보전 조직을 운영하고 있지만 보전 조직을 이용하여 품질 관리에 도움을 얻는 데에는 아직 미흡하다. 그러나 설비의 정상적이고 신뢰성 있는 가동 상태는 품질에 직접적인 영향을 준다. 특히 설비 운전 조건의 설정은 품질에 매우 큰 영향을 준다. 이제 설비 보전이 품질 관리와 밀접한 관계가 있다고 생각하는 추세 속에서 품질 개선에 노력을 기울이면서도 설비 보전이라는 도구를 사용하지 않는다면 세계적인 경쟁에서 매우 불리하게 될 것이다.

TEI 프로그램에도 설비 보전은 영향을 미친다. 조직원이 관리가 허술해지거나 개선이 더 이상 활발히 이루어지지 않는 문제를 알게 된 경우 어떤 태도를 보일까? TEI 전문가들이나 컨설턴트들은 기업이 문제를 파악하고 해결하지 않게 되면 실행 중인 모든 프로그램의 효과가 없어질 거라 이야기한다. TEI 팀이 파악한 많은 문제점들은 설비 보전과 관련되어 있으며 보전 관리의 기본 원칙에 미달되는 문제점들이 대부분일 것이다. 보전 관리의 기본 원칙을 인식하고 지키는 것이 잘못됐을 때 많은 프로그램들은 결국 끝나게 될 것이며 이는 거의 재앙에 가깝다. 설비 보전과 관련된 문제들을 해결하기 위해서 전문적인 보전 기술이 제공되지 않는다면 기업은 결국 경쟁력을 잃게 될 것이다.

기업의 경영진에게 설비 보전의 가치에 대한 인식을 높일 수 있는 방법은 수익성 위주로 설비 보전의 가치를 보여 주는 것이다. 손익 정보를 이용하여 설비 보전에 관련된 의사결정을 하는 것은 기업의 인식과 수준을 높이는 가장 효율적인 방법 중 하나이다. 핵심은 총 비용 중에서 설비 보전 비용이 얼마인지를 보여 주는 것이다.

설비 보전 비용을 살펴볼 때는 다음과 같은 직접적인 설비 보전 비용 아닌 간접적인 설비 보전 비용도 같이 검토해야 한다.

- 생산 손실 비용
- 생산 손실을 복구하는 데 요구되는 비용
- 품질 비용 특히 재작업과 낭비된 에너지 비용
- 고객 만족 비용
- 납기 지연 보상금
- 영업 손실 비용
- 환경 보상 비용
- 안전 보상 비용
- 감가상각 비용

기업이 총 비용 개념에서 설비 보전의 중요성을 이해해야만 기업의 목표를 달성할 수 있을 것이다.

설비 보전에 대한 개선에는 오랜 시간이 소요된다. TPM 프로그램 구현에 3~5년의 시간이 걸린다. 설비 보전에 대한 개선 프로그램을 성공시키기 위해서도 이 정도의 시간이 걸릴 것이다. PM, PDM, TPM, CMMS 등의 프로그램이 매월 모이는 형식적인 프로그램이 되어서는 안 된다. 설비 보전의 개선을 성공시키기 위해서 많은 노력과 시간이 필요하다.

설비 보전에 대한 개선을 위해서는 기업의 이해와 관심을 고취시켜야 한다. 이를 위하여 필요한 협의를 촉진시키기 위해 개발한 도구가 Maintenance Management Maturity Grid(MMM그리드)이다. MMM그리드는 Terry Wireman의 저서 〈Computerized Maintenance Management System〉에 소개된 것이다([표 1] MMM그리드 참조).

MMM그리드는 스테이지와 카테고리로 나뉘어진다. 스테이지는 조직 관리가 성숙해 가는 과정이다. 기업이나 관리자를 평가하기 위해 MMM그리드를 사용할 때 방관적인 태도가 아니라면 하나의 스테이지도 건너 뛰지 않을 것이다. MMM그리드를 사용하여 기업 스스로를 평가하여 관련 부서에 결과를 통보한다. 각 부서는 자신이 속한 카테고리에 따라 스테이지를 선회하게 된다. 이 결과들을 분석하고 평균을 구하고 종합 결과를 가지고 설비 보전 개선 프로그램을 만들게 된다.

목표를 이해하고 목표 달성에 참여한 부서들이 최종 결과에 따라 만들어진 프로그램을 손쉽게 받아들이게 된다. MMM그리드로 모든 조직은 현재 조직의 상태를 파악하게 되고 다음 스테이지로 가기 위해 필요한 것이 무엇인지를 명확히 알게 되며 이로 인한 이익도 얻게 될 것이다.

관리 카테고리	스테이지 1 불확실 단계	스테이지 2 인지 단계	스테이지 3 개선 단계	스테이지 4 발전 단계	스테이지 5 완성 단계
기업/공장 관리 태도	예방 보전에 대한 이해 부족 - 고장 나면 수리한다.	설비 보전 관리가 개선되어야 한다고 인식하지만 이렇게 인식하는 것이 마음에 내키지 않는다.	ROI에 대해 이해 한다. 보다 관심을 가지게 되고 지원하게 된다.	참여하는 자세. 설비 보전 관리에 대한 지원이 필수 사항임을 인식한다.	전사적 시스템에 설비 보전 관리를 포함시킨다.
보전 조직의 상태	사후조치: 설비에 대한 적업은 고장이 난 이후에 한다. 그렇지 않으면 매우 저조한 생산성을 가진다.	인식: 사후 조치를 하지만 고장 발생 시 사용할 주요 부품이나 보전 자재가 있다.	예방: 설비의 MTBF 개선을 위한 정기적인 검사, 주유, 조정을 실시한다.	예지: 진동 분석, 온도 분석, 소음 분석 등의 기술을 사용하여 설비의 상태를 감시하고 이상이 감지되면 고장 나기 전에 설비를 수리한다.	생산적: 오퍼레이터가 개입되는 이전의 기술과 무보수 기술을 결합하고 보전 정보 분석이나 보전 활동에 집중한다.
보전 자원의 낭비	30% 이상	20~30%	10~20%	5~10%	5% 미만
설비 보전 문제 해결	문제가 발견되면 해결한다.	사소한 개선 활동을 한다. 초보적인 수준의 고장 분석을 시작한다.	보전 작업, 오퍼레이터, 엔지니어로부터 문제가 제기되면 해결한다.	문제를 예상한다. 강력한 문제 해결 훈련 팀이 있다.	문제가 예방된다.

관리 카테고리	스테이지 1 불확실 단계	스테이지 2 인지 단계	스테이지 3 개선 단계	스테이지 4 발전 단계	스테이지 5 완성 단계
보전 작업자의 자격과 훈련	작업자의 자격에 대한 요구 사항이 적다. 엄격한 직능 자격이 없다. 구식 기술을 보유하고 있다. 기능 훈련을 낭비라고 보고 있다. 근무 연수에 따라 급여가 지급된다.	작업자는 고장 수리 기술만 가지고 있다. 직능에 대한 의문이 생긴다. 단순 기능이 없어져 간다. 훈련의 필요성을 인식한다. 전통적인 급여에 대해 의문이 생긴다.	작업자의 기술력 향상. 확장/공유 작업 능력. 소수의 핵심적인 보전 기술 개발. 교육 비용의 상환. 기술 등급에 따른 새로운 급여 수준.	작업 품질이 요구된다. 멀티스킬 작업 능력. 최신 기술의 습득. 필요한 교육이 실시된다. 역량을 확장하는 데 투자한다.	작업자가 자부심을 갖고 전문성을 갖춘다. 작업 배정이 유연해진다. 미래에 필요한 기술을 습득한다. 오퍼레이터에게도 지속적인 설비 보전 교육을 한다. 설비 생산성에 따른 급여가 정해진다. 작업자의 이직이 적다.
보전 정보와 개선 활동	보전 정보를 기록하려고 노력은 하지만 훈련이 잘 되어 있지 않아 정보가 제대로 기록되고 있지 않다.	보전 작업 지시를 수작업으로 하거나 시스템을 사용한다. 작업 계획은 거의 하고 있지 않다.	작업 지시 시스템이 보전 작업, 운영, 엔지니어링, 계획에 사용된다. 작업 일정 계획이 적용되어 있다.	설비 보전 관리 시스템이 모든 부서에서 사용된다. 보전 정보는 신뢰성 있고 정확하다.	설비 보전 관리 시스템이 기업의 운영과 통합되어 있다.
설비 보전에 대한 종합적인 수준	설비가 고장나는 이유를 모른다. 분명 낭비가 심하지만 설비 보전 문제는 아니다.	경쟁 회사의 설비에도 동일한 문제가 있으니 어쩔 수 없다.	관리의 새로운 의지와 함께 문제를 식별하고 해결할 수 있다.	조직의 운영 철학의 한 부분으로 보전 품질 향상에 최선을 다한다. 설비 보전 없이는 생산 품질을 확보할 수 없다.	설비에 대한 고장 발생이 일어나지 않는다고 생각하며 설비가 고장나면 매우 놀란다. 설비 보전이 결론이다.

[표 1] MMM그리드

6.1 MMM그리드의 카테고리

MMM그리드에는 일곱 개의 카테고리가 있으며 각 카테고리는 설비 보전 프로그램의 핵심 항목을 제시하고 있다. 각 카테고리에 대한 응답은 조직의 성숙도를 보여 준다.

1) 기업/공장 관리 태도: 이 카테고리는 고위 경영진이 보전 조직을 어떻게 바라보는가에 대한 것이다. 이 카테고리가 중요한 이유는 어떠한 설비 보전 개선 프로그램이라 할지라도 경영진의 강력한 지원이 없이는 성공하지 못하기 때문이다. 경영진의 지원을 얻으려면 기업의 재무 상태에 설비 보전이 미치는 영향에 대해 이해시켜야 한다. 고위 경영진은 수익에 영향을 미치는 요인들에 대해 관심이 집중되어 있기 때문에 고위 경영층을 이해시키는 손쉬운 방법은 수익성 관점에서 설명하는 것이다.

2) 보전 조직의 상태: 이 카테고리는 설비 보전을 수행하는 방식에 대한 것이다. 아직도 많은 보전 부서에서 "화재 진압" 방식으로 설비 보전을 수행하고 있다. 이러한 방식이 개선되어 MMM그리드에서 다음 단계로 넘어간 보전 조직의 수는 소수이다. 예방 보전을 적절히 수행하고 있는 보전 조직을 찾아볼 수 없는 것이 그 증거이다.

3) 보전 자원의 낭비: 이 카테고리는 앞의 카테고리와 연관이 있으며 사후 조치가 많을 수록 보전 자원의 낭비도 늘어난다. 연구에 의하면 고장 후 수리하는 것은 고장나기 전에 수리하는 것보다 보전 자원이 약 30% 정도 낭비된다고 한다. 설비 보전에 대한 교육과 훈련은 보전 자원의 낭비를 줄여준다. 현실적인 작업 계획과 일정 계획을 수립하고 이 계획을 가지고 효율적인 작업 지시가 이루어진다면 보전 자원의 낭비는 없앨 수 있을 것이다.

4) 설비 보전 문제 해결: 이것은 보전 조직의 문제 해결에 대한 것이다. 사후 조치가 많은 보전 조직은 효과적인 문제 해결 기술들을 사용하지 않으며 시간은 점점 더 모자라게 된다. 설비 보전에 대한 관리가 잘 될수록 원인과 영향 분석에 더 많은 시간을 할애하게 된다. 이 때문에 보전 조직은 사전 행동적이어야 하며, 사후 반응적이어서는 안 된다.

5) 보전 작업자의 자격과 훈련: 90년대 보전 조직의 가장 큰 문제 중 하나는 보전 작업자의 기술 수준이었다. 이 문제는 부족한 훈련과 유연하지 못한 기술 인력으로 인해 보

다 더 심각한 문제로 대두되었다. 이러한 이유로 이 카테고리는 MMM그리드에서 가장 위험한 것 중 하나가 되었다. 따라서 보전 작업자의 자격과 훈련에 대한 기업의 자세를 면밀히 검토하는 것은 매우 중요하다.

6) 보전 정보와 개선 활동: 이 카테고리는 설비보전관리 정보시스템에 대한 것이다. 설비 보전관리 정보시스템은 작업 지시를 관리하는 시스템이다. 작업 지시는 계획 수립과 일정 계획 및 보전 정보 수집과 의사소통 등에 핵심이 된다. 작업 지시 시스템을 효과적으로 사용하는 훈련을 많이 하는 것이 설비 보전 개선 프로그램의 성공을 보장한다.

7) 설비 보전에 대한 종합적인 수준: 이 카테고리는 MMM그리드에서 조직의 수준을 파악할 수 있도록 해준다. 각 스테이지는 실제로 앞의 카테고리를 요약한 것이다. 기업이 고장이 난 후 수리만 하는 사후 반응적이어서 불안한 기업의 전형적인 모습을 보이는 경우 이 기업은 설비의 고장이 왜 발생했는지를 알아낼 수가 없을 것이다. 이렇게 설비가 고장나는 원인을 밝히지 못할 경우 보전 관리자에게 원인 규명에 대한 독촉이 심해지고 결국은 혼란만 가중될 뿐 아무것도 이루어내지 못할 것이다. 따라서 기업의 설비 보전에 대한 종합적인 수준을 올리기 위해서는 어느 특정 분야만 수준을 높이지 말고 설비 보전 전반에 걸쳐 수준을 높여야 할 것이다.

6.2 MMM그리드의 스테이지

조직의 발전에 대한 스테이지는 그리드를 따라 수평적으로 목록화되어 있다. 다섯 단계의 스테이지는 특징이 분명하므로 이를 명확히 구분할 수 있을 것이다.

1) 불확실 스테이지: 이 스테이지에 속한 조직은 설비 보전이 조직에서 왜 중요한지를 전혀 모른다. 그래서 기업은 보전 조직에게만 설비에 대한 모든 문제를 떠넘긴다. 그러나 근본적인 문제는 설비 보전에 관한 이해가 없다는 점이며 실제적인 설비 보전의 역할이 무엇이어야 하는지를 모른다는 점이다. 모두 설비 보전을 어떻게 해야 하는지는 알고 있고 다음과 같은 관리자들은 특히 더 잘 알고 있을 것이다.

- 생산 관리자
- 엔지니어링 관리자
- 설비 운영 관리자
- 설비 구매 관리자
- 자재 관리자
- 설비 관리자
- 그 외 관리자

그러나 이와 같은 관리자들도 자기가 담당한 부서에 미치는 설비 보전의 영향을 잘 알고 있지만 설비 보전이 기업 전체에 어떻게 영향을 미치는지에 대해서는 종합적으로 알지 못한다는 것이 문제이다.

불확실 스테이지의 조직들은 오늘 하루에 대한 생각뿐이며 미래에 대한 개념 같은 게 전혀 없다. 당장 오늘 설비 상태에만 신경 쓰고 내일의 설비 상태에 대해서는 관심이 없다. 그러나 관리자나 작업자들은 아무도 이렇게 오늘만을 생각하며 일한다고 말하지는 않을 것이다. 다양한 업무 평가를 통하여 지금 조직이 무엇을 하고 있는지 살펴보아야 한다. 효과적인 계획을 수립하고 현실적인 일정 계획을 통해 작업 지시가 내려지는가? 효과적인 예방 보전이나 예지 보전 프로그램이 이용되고 있는가? 복수의 기능에 대해 능숙한 훈련을 받은 작업자들이 있는가? 등 설비 보전 업무가 제대로 수행되는지 면밀히 살펴보아야 할 것이다. 기업에 문제가 있다고 판단되면 미래에 대해 문제 해결을 위한 조치를 취하도록 해야 한다.

2) 인지 스테이지: 이 스테이지는 조직이 설비 보전의 기여도를 깨닫기 시작하지만 여전히 확신하지 못하는 단계이다. 확신이 결여되니 실행도 부족하고 실행이 부족하니 적절한 자금 조달도 부족하다.

불확실 스테이지의 조직과 인지 스테이지의 조직 간의 차이는 불확실 스테이지의 조직은 미래에 대한 염려를 하지 않는 것이고 인지 스테이지의 조직은 미래에 대해 염려하며 문제를 인지는 하지만 적극적인 조치는 하지 않는 것이다. 따라서 그 결과는 동일하다. 불확실한 스테이지나 인지 스테이지 조직 모두 아무것도 하지 않았다.

인지 스테이지의 조직은 장기 계획, 예방 보전, 설비보전 관리시스템과 작업자들의 훈련에 대하여 토론하지만 그 어떤 행동도 취하지 않는다. 이런 행동의 결핍은 설비 보전에 대한 기업의 이해 부족 때문인데 설비 보전을 투자나 낭비로 생각하기 때문이다.

두 번째 문제는 선진 설비 보전 기술에 대한 관리자들의 이해 부족이다. 예를 들어 진동 분석에 대해 알지 못한다면 대규모 설비의 예방 보전을 위해 진동 분석이 필요하다고 말해도 아마 담당자는 진동 분석은 검증되지 않아서 필요 없다고 말할 것이다. 설비 보전 담당자들이 기업의 상위 관리자에게 선진 설비 보전 기술에 대해 이해시키지 않는 한 선진 설비 보전 기술들을 도입하기는 어려울 것이다.

설비 보전에 대한 문화적 변화는 설비보전 관리시스템에서는 더욱 분명하다. 인지 스테이지에 있는 많은 소식들은 문화적 변화에 신속히 대응할 수 없음을 느낀다. 평균적으로 대략 10개월의 적용 시간과 투자 회수에 15개월이 드는 프로젝트라는 것을 이해하지 못하기 때문이다. 이런 이해 부족으로 인하여 많은 개선 프로그램이 실패하는 것이다.

설비 보전에 대한 근본적인 이해 없이는 인지 스테이지 단계를 절대로 벗어나지 못할 것이다.

3) 개선 스테이지: 조직들이 인지 스테이지에서 개선 스테이지로 발전할 수 있는 것은 교육 때문이다. 교육을 통하여 설비 보전의 가치를 확실히 이해하게 된다. 설비 보전에 대한 이해는 설비 보전을 비용적인 관점에서 이해하는 것, 즉 '종합 비용' 개념에 관한 이해가 포함된다.

종합 비용 개념은 기업 내 모든 부서가 설비 보전과 관련된 소통을 쉽게 해준다. 조직 구성원들이 설비 보전에 관한 결정들이 결산에 어떤 영향을 미치는지를 이해할 때 서로의 소통이 원활해진다. 소통이 원활해지면 설비 보전 부서는 기업의 한 부문으로 자리잡게 되고 설비 가동, 엔지니어링, 정비 작업에서 발생되는 문제를 모든 부서가 함께 해결하게 되어 설비 보전 부서에만 책임을 떠 넘기고 책임을 추궁하는 일이 줄어들고 조직적인 작업이 늘어나게 될 것이다.

개선 스테이지에 있는 조직의 관리자는 선진 설비 보전 기술에 능숙한 작업자의 가치를 잘 알고 있다. 이 수준의 인력 개발을 이루기 위해서는 기업 내 설비 보전을 불신하는 자들을 설득하는 일로 시작하게 된다. 또한 작업자는 관리자가 그들을 감독하는 자가 아니라는 것을 알게 해야 한다. 조직원이 조직의 움직임을 느끼고 이에 따라 반응하는 것은 조직이 진보하고 있다는 것이다.

4) 발전 스테이지: 발전 스테이지의 조직은 개선 스테이지에서 이뤄진 성과들을 인지하고서 열심히 일한다. 그래야만 기업의 지원을 계속 유지할 수 있고 좀 더 발전해 나갈 수 있기 때문이다. 기업의 지원을 받지 못하게 되면 한 두 단계 퇴보가 빠르게 일어나게 될 것이다. 또한 이 스테이지에는 선진 설비 보전 사례에 대한 벤치마킹과 업무 추진 진행 보고서가 필요하다.

발전 스테이지의 조직은 지속적인 개선이 필요하다고 알고 있기 때문에 발전 스테이지에 도달했다고 생각하지 않을 수도 있다. "당신이 이미 도달했다고 생각하는 그때가 조직이 더 나은 비전을 가진 사람으로 당신을 교체해야 하는 때이다."라는 말이 있다. 이는 발전 스테이지에 있는 조직의 자세이다. "지속적이며 급속한 개선"이라는 월드 클래스 테마는 이 단계에 있는 기업의 특성이다.

발전 스테이지의 설비 보전 조직들은 퇴보하지 않는다. 세계 일류의 기업을 만드는 데는 다음과 같은 세 가지 목표를 성취하는 것이 도움이 된다.

① 최고 품질(Q)

② 최저 비용(C)

③ 빠른 납기(D)

5) 완성 스테이지: 완성 스테이지는 설비 보전 관리가 성숙한 단계이다. 완성 스테이지에서는 TPM, 선진 예방/예지 보전, 고도의 잘 훈련되고 효율적인 작업자 및 진보된 설비보전 관리시스템의 사용과 같은 그런 세계 일류의 프로그램들이 운영된다. 이 스테이지의 조직들은 '설비 보전에 문제가 발생하지 않을 것이다'라고 생각하며 실제로 문제들이 발생하지 않는다. 믿기 어려운 이야기지만 이 스테이지에 도달한 조직들은 이 말이 사실임을 알고 있다. 그러나 불확실 스테이지에 있는 조직들은 이런 단계에 도달하려면 너무 비용도 많이 들고 비현실적이라고 생각할 것이다.

6.3 MMM그리드를 사용하면서

MMM그리드는 조직이 설비 보전 관리를 개선하기 위하여 사용하는 도구이며 이를 잘 활용하면 설비 보전 관리를 기본적으로 개선할 수 있을 것이다. 이렇게 MMM그리드를 설비 보전 관리 개선 도구로 사용하는 것이 첫 번째 목표이다. MMM그리드를 사용하면 기업의 여러 부서들이 설비 보전 관리의 현재 상태를 인지하게 되며 미래에 대한 개선 프로그램들을 계획하고 필요한 행동을 하게 된다. 이렇게 되면 MMM그리드의 두 번째의 목표가 달성된다.

MMM그리드의 세 번째 목표는 과거에 대해 회상하게 하는 것이다. 발전하고 있는 기업들은 한 두 단계 전을 되돌아보면서 업무들이 어떻게 처리되었는지를 기억하기만 하면 충분하다. 종종 이렇게 하는 것만으로도 충분한 자극이 되어 다음 단계로 나아가게 한다.

설비 보전은 하나의 지원 기능이기 때문에 설비 보전 상태가 유동적임에 주의해야 한다. 조직이나 관리자가 변경되면 쉽게 한 두 단계 퇴보할 수도 있다. 그러나 처음에 발전할 때와 동일한 방법과 교육을 통해 퇴보한 단계들은 신속히 회복할 수 있을 것이다.

설비 보전 관리의 개선은 경쟁의 세계에서 살아남기를 원하는 기업들에게는 매우 중요하다. MMM그리드는 이러한 목적에 매우 유용하게 사용될 수 있을 것이다.

2장
CMMS

1. 보전 작업 계획

실비보전 관리시스템(CMMS)에서 기업이 이해하고 지켜야 할 개념들이 있다. 그중 가장 간과되는 개념 중 하나가 보전 작업 계획이다.

조사에 의하면 보전 작업자의 평균 생산성은 25~35% 정도이다. 이것의 의미는 작업자의 생산 시간이 보전 관리가 제대로 되지 않아 하루 8시간 중 실제 작업 시간은 3시간 이하라는 것이다.

작업자든 관리자든 간에 관리 절차가 미흡하다는 조짐은 쉽게 알 수 있는데 이 결과 작업자들이 부득이 기다려야만 하고 이는 비생산적으로 시간을 낭비하고 있다는 의미이다.

다음은 가장 흔하게 발생하는 낭비 시간들이다.

- 수리에 필요한 자재를 가지러 창고로 여러 번 왕래하는 것
- 작업에 적합한 공구를 가지러 되돌아 오는 것
- 필요한 것이 무엇인지를 파악하기 위해 작업 위치로 가보는 것
- 창고에 자재가 없어 자재가 입고될 때까지 기다리는 것
- 불완전한 계획과 소통

- 기술의 부족
- 설계도가 올 때까지 기다리는 것
- 관리자의 대답이나 지시를 기다리는 것
- 작업이 할당되기를 기다리는 것
- 필요한 작업자의 부족
- 설비를 정지시켜야 수리를 할 수 있는 경우 설비 정지를 위해 조업이 중지되기를 기다리는 것
- 비상이나 긴급 작업으로 인해 일상 업무가 중지되는 것

작업자가 어떤 이유로든지 간에 업무 정지가 될 때마다 평균적으로 2시간을 낭비하게 된다. 이러한 낭비 요소를 제거하고 생산성 손실을 예방하려면 어떤 형태로든지 보전 작업 계획 기능을 개선할 필요가 있다. 보전 인력이 적은 경우 작업 계획은 관리자가 수립할 수도 있으며 보전 작업자가 20명 이상이라면 별도의 보전 계획 수립 담당자를 두는 것이 유리하다. 그렇지 않다면 관리자들은 작업을 관리하고 지시하는 데 사용해야 할 시간에 서류 작업을 해야 할 경우가 생기게 된다.

보전 작업 계획의 수립은 무엇을 어떻게 해야 할지 결정하는 것이다. 보전 작업 계획 수립은 두 가지 영역으로 구성되는데 필요한 기능 인력과 자재이다. 이들 인력과 자재들은 작업 지시서에서는 작업 비용을 예상하기 위해 금액으로 표시되기도 한다.

보전 계획 수립은 보전 작업을 위한 것이다. 생산에서 투입 공수는 언제, 어디서, 어떻게 작업이 이뤄졌는지를 모르고서는 측정이 불가능하다. 설비 보전 관리에서도 마찬가지로 작업량은 언제, 어디서, 어떻게 작업이 이루어졌는지를 알아야만 측정이 가능하다. 보전 계획은 작업을 언제, 어디서, 어떻게 작업해야 하는가에 대한 계획이므로 그 중요성을 아무리 강조하여도 지나치지 않다

CMMS에서 계획의 중요성은 "Engineer's Digest"와 "AIPE(American Institute of Plant Engineer's)에서 강조하고 있으며 이들의 조사에 의하면 보전 계획 수립 담당자를 보유한

기업 중 91%가 CMMS를 운영하고 있었다. 보전 계획 수립 담당자는 CMMS 성공에 가장 중요한 위치에 있다.

(다음에 나오는 개념들은 일반적인 용어로 표현된 것이다. 모든 보전 조직이 똑같을 수는 없기에 어떤 조직에 맞는 작업이 다른 조직에 그대로 맞을 수는 없다. 따라서 이들 개념을 조직에서 사용하기 위하여 조직에 맞게 재조정하거나 변형할 수도 있다.)

1.1 계획할 작업의 유형

비상 정비나 긴급 정비의 경우 계획을 세울 수 없다. 이 두 가지 정비는 신속하게 처리되어야 하므로 계획할 시간이 없기 때문이다. 따라서 이 두 가지 정비는 계획 기능에 포함시키지 말아야 한다.

일상적인 개선 작업이나 예방 보전의 경우라면 계획 수립 기능을 우선 고려해야 한다. 개선이나 예방 보전 작업 지시서가 만들어지면 우선 작업 백로그에 추가시켜 놓은 후 작업에 필요한 인력과 자재들이 확보되면 일정 계획을 수립한다. 개선이나 예방 보전 이외에 예지 보전과 점검, 주유 등과 같은 경로를 따라 수행되는 작업도 계획 수립에 포함시켜야 한다.

작업 요청의 또 다른 형태는 고장 난 설비에 대한 수리 요청이 아닌 사전에 계획할 수 있는 오버홀과 같이 조업을 중단하고 진행하는 보전 작업이 있다. 이런 형태의 작업에 대해선 조업이 중지된 상태이므로 가능한 최단시간 내에 작업을 완료하는 것이 중요하다. 따라서 이런 경우 작업 계획을 정확하게 수립해야 계획된 정지 시간 안에 보전 작업을 완료할 수 있다.

1.2 보전 작업 계획 방법

효과적인 계획을 수립하려면 계획 담당자들은 계획하는 작업의 기술 부분에 능통해야 한다. 그러므로 관리자나 혹은 기술 수준이 높은 작업자들이 계획 담당자가 되면 좋을 것이다. 경험도 없고 기술적 지식도 빈약한 사람이 계획을 수립한다면 비효율적이고 현실성이 없는 계획이 수립될 것이고 생산성 저하만을 초래할 것이다.

계획 수립은 일단 관리자로부터 작업 지시를 승인받는 것으로 시작한다. 계획 담당자는 계획 수립을 할당받으면 주의 깊게 해당 작업을 검토한 후 다음 사항을 결정해야 한다.

① 요구되는 기능
② 요구되는 시간
③ 필요한 자재들
④ 외부 전문가의 도움, 외주 작업, 장비 임대 등의 필요 여부

계획 담당자가 요구되는 기능에 대하여 결정할 때 기능 별 작업자 수와 소요 예상 시간뿐 아니라 작업자의 기술 수준까지도 챙겨야 한다. 수습 기간을 마친 작업자들에게 작업을 배정해 주고, 수습 과정 중의 작업자는 주로 작업 보조를 하도록 배정해야 한다.

작업 지시서의 작업 소요 시간은 중요하다. 작업 지시서에 예상 작업 소요 시간이 없다면 작업 백로그에 있는 작업에 대해 작업 시간이 얼마나 되는지 전혀 알 수가 없고 따라서 작업자 별 하루 작업 시간도 예상할 수 없다. 결국 예상 작업 소요 시간에 대한 정보가 없으면 적절한 인력 레벨을 결정할 수 없게 된다.

작업 지시서에 나와 있는 소요 자재의 상태에 따라 일정 계획을 수립할 수 있는지를 결정할 수 있다. 필요한 자재가 사용 가능한 상태일 때 작업 지시서의 일정 계획을 수립해야 한다. 만약 필요한 자재들을 사용할 수 없는 상태에서 작업 지시서에 대한 일정 계획이 수립되어 있다면 작업자들은 해당 자재를 찾거나 관리자의 지시를 기다리느라 시간을 낭비하게 될 것이다. 자재에 대한 사용 예약과 자재 수급에 대한 계획이 수립되어 있어야만 작업 지시서에 대한 정확한 계획을 수립할 수 있게 된다.

작업 지시서를 제대로 완성하기 위해서는 작업 지시서의 여러 항목들을 계획하는 것이 중요하다. 외부 전문가의 기술 지원이 필요한 경우 내부의 작업자들만으로는 작업을 완

료할 수 없으므로 외부 전문가 투입에 대한 계획도 수립되어야 하며 또한 특수 장비가 있어야 하는데 이를 제외하고 보전 계획을 수립하는 것도 무의미하다. 일반적으로 임시 방편으로 작업하는 것은 생산성 손실의 결과를 초래한다.

일단 작업 지시서에 대한 계획이 수립되었다는 것은 계획 담당자가 작업 절차나 자재에 대한 모든 작업 지시서 항목들에 대해 제대로 계획을 수립했다는 의미이다.

1.3 작업 시간 예상과 일정 계획 방법

보전 작업을 계획할 때 작업에 필요한 인력을 산출하기 위해서는 기본적으로 작업 시간을 산출해야 하는데 작업 시간을 산출하는 데는 몇 가지 방법들이 이용된다. 작업 예상 시간을 산출하기 위한 4가지 방법에 대해 알아 본다.

1) 타임 슬롯: 보전 작업 계획 중 작업 시간을 예측하는 데 가장 신뢰성 있는 방법 중 하나는 타임 슬롯이다. 타임 슬롯은 수작업으로 계산하기도 하지만 대체적으로 CMMS에서는 자동으로 계산하기도 한다.

타임 슬롯 방법에서 작업 지시서는 시간 단위로 계산되지 않고 기능 별로 A 작업, B 작업, C 작업 등으로 산출되고 작업장 별로 A 작업은 0~2시간, B 작업은 2~4시간 하는 식으로 시간이 계산된다.

타임 슬롯은 대부분 벤치마킹에 의해 결정된다. 벤치마킹을 해보면 경우에 따라 어떤 작업은 작업 시간을 늘리는 것이 작업자를 많이 투입하는 것보다 나을 수 있지만 또 어떤 작업은 작업자를 늘리는 것이 작업 시간을 늘리는 것보다 유리할 수 있다.

작업 시간을 예상하는 데 있어서 반복적인 작업이 아닌 경우라면 단순히 몇 시간이라 예상하는 것보다 타임 슬롯으로 시간 범위를 예상하는 것이 훨씬 더 정확하다. 타임 슬롯은 모든 작업에 대한 작업 시간 예상 표준과 작업 부하에 대한 정보를 제공해 준다.

계획 담당자가 작업 예상 시간을 산출하기 위해서는 해당 작업 영역 별로(예를 들면 전기 작업 영역) 평균 작업 시간을 기준으로 삼으면 될 것이다. 따라서 실제로 모든 작업 시간은 평균 작업 시간과는 차이가 있을 것이다. 그러나 작업이 10개가 있다면 총 작업 시간은 평균 작업 시간의 10배에 근접하게 될 것이다. 이렇게 하면 작업에 소요되는 총 시간을 균등화시킬 수 있다. 예를 들면 A 작업이 1.5시간이고 10개의 A 작업이 있다면 총 예상 작업 시간은 $1.5 \times 10 = 15$시간이다. 타임 슬롯 방식은 기능 별로 총 작업 시간을 예측할 수 있게 해주며 이 예상 작업 시간을 가지고 작업 일정 계획을 수립할 수 있게 된다.

타임 슬롯 방식으로 보다 정확하게 작업 시간을 예상하려면 현재를 기준으로 과거 20주간 정도의 작업에 대한 작업 시간 평균을 가지고 타임 슬롯을 매주 갱신하면 된다. 이렇게 하려면 집계와 계산에 시간이 필요하기 때문에 CMMS와 같은 자동화된 시스템을 이용하는 것이 좋다.

2) 공식 시간: 이 방법은 동일 산업군에서 사용하는 공식화된 표준 작업 시간을 사용하는 방법이다. 자동차 정비 공장에서 공임을 계산할 때 사용하는 표준 작업 시간이 대표적인 예이다. 공식 시간은 표준 작업들에 대해 작업을 수행하는 데 걸리는 작업 시간을 제시하지만 보전 관리자나 작업자들에게는 현실과는 맞지 않다는 생각을 하게 할 수도 있다. 보전 작업이란 각각의 플랜트에 맞는 독특한 부분이 있기 때문에 공식 시간을 이용하여 작업 시간을 예상하는 것은 전체적으로 정확하지 않을 수도 있는 것이다. 공식 시간은 정확한 조건들이 맞을 때에는 사용이 가능하리라 생각된다.

일반적인 공식 시간은 정확한 일정 계획용이 아니라 일정 계획 지침으로서만 사용해야 한다. 계획 담당자가 설비, 도구, 환경 등 여러 조건들을 고려하여 공식 시간을 사용한다면 공식 시간 방법도 하나의 유용한 도구가 될 수 있다. 일반적으로 CMMS에는 공식 시간을 이용하여 작업 시간을 자동으로 계산해 주는 기능이 포함되어 있다.

3) 표준 시간: 표준 시간 방법은 작업 시간에 대해 광범위한 분석과 검토를 하여 작업 시간에 대한 표준을 정해 작업 시간을 예상하는 데 사용하는 방법이다. 작업 시간에 대

한 분석과 검토에는 현재 작업에 관한 검토, 작업 수행 시간 측정, 작업 조건에 대한 분석 등이 포함된다. 이러한 작업 시간에 대한 분석과 검토에는 상당한 시간과 노력이 들어가는 반면 그 결과들은 정확할 것이며 현실에 딱 들어맞는 것이 될 것이다. 그렇지만 작업 시간에 대한 분석과 검토에 소요되는 비용, 요구되는 훈련, 소요되는 시간이 이 방식의 결점이다. 작업 시간과 관련된 연구 과정을 다루는 것은 CMMS의 영역 밖의 일이며 산업 공학에서 다루어진다.

4) 추정 시간: 이 방법은 해당 작업에 대해서만 어느 정도의 시간이 드는지 예측하는 것이다. 어쩌면 이렇게 하는 것이 "최선의 추정" 방법이다. 계획 담당자가 작업에 대한 경험이 많다면 이 방법은 작업 시간을 최대한 정확히 추정할 수 있을 것이다. 또한 이 방법은 최소의 비용으로 표준들을 세우는 방법으로서 보전 작업 계획 수립과 일정 계획을 위해 사용될 수 있고 또 어느 정도까지는 효율성이나 생산성을 산출하기 위한 기준이 될 수 있다.

그러나 이 방법의 단점은 계획 담당자의 부정확성일 것이다. 새로운 작업이나 사전 추정 정보들이 없는 경우, 새로운 장비나 공법을 사용하는 작업들일 경우 그 추정치가 매우 부정확하게 될 것이기 때문이다. 또한 추정치가 정확하지 않다고 생각 되면 작업자들이 작업 시간 목표로 인정하지 않을 것이고 이는 곧바로 근로 의욕에 영향을 미치게 될 것이다. 또 다른 단점으로는 해당 작업에 대해서만 작업 시간을 추정하기 때문에 작업 추정을 했던 자료들을 다른 작업에 사용하기가 어렵다는 것이다. 이를 보완하기 위해서는 보전 계획 과정을 문서화하거나 정보화해야 할 것이다.

1.4 총 보유 시간 vs. 실 보유 시간

일정 계획을 하기 위해 고려해야 할 또 다른 문제는 작업자 수와 근무 시간을 곱한 작업을 할 수 있는 시간, 즉 보유 시간에 대한 것이다. 일정 계획을 수립하는 데 총 보유 시간을 가지고 할 것인지 실 보유 시간을 가지고 할 것인지에 대한 문제이다. 총 보유 시간과 실 보유 시간의 차이는 급여에서 총 급여와 실 수령액의 차이와 같다. 총 급여에서 세금,

4대보험, 기타 공제를 제외하고 실제로 수령하는 급여가 실 수령액인 것처럼 총 보유 시간과 실 보유 시간은 차이가 난다.

주간 총 보유 시간은 단순히 작업자 수에 주간 근무 시간을 곱한 후 여기에 외주 업체에서 예정된 외주 작업 시간과 사전에 계획된 작업자들의 초과 근무 시간을 더하면 총 보유 시간이 된다.

실 보유 시간은 총 보유 시간에서 다음과 같은 시간을 제외한 시간이다.

① 평균 비상, 긴급 작업 시간
② 평균 예방 보전 시간
③ 평균 고정 작업 시간

이렇게 하면 일정 계획을 수립할 수 있는 실 보유 시간이 구해진다. 이 이상의 시간으로 일정 계획을 수립한다면 당연히 계획대로 작업이 수행되지 못할 것이다. 그러나 만약 실 보유 시간 이상으로 일정 계획을 수립했는데도 모든 작업들이 정상적으로 수행되었다면 총 보유 시간에서 제외한 세 가지 평균 시간이 실제 작업에 소요된 시간보다 많은 경우일 것이다. 그렇다 해도 실 보유 시간 이상으로 일정 계획을 수립하는 것은 관리자와 작업자들의 사기에 매우 민감한 사안이므로 최적의 실 보유 시간을 정의하도록 유념해야 한다. 실 보유 시간 이상으로 일정 계획을 수립한다는 것은 계획 담당자의 능력에 문제가 있다고 판단할 수 있기 때문이다.

2. 보전 작업 지시

CMMS를 도입하기 전에 보전 조직의 정보 수집 방법을 설정할 필요가 있다. 보전 조직이 정보를 모으고 조작할 수 있도록 하는 데 사용되는 기본 도구가 작업 지시서이다. 작업 요청서는 보전 작업을 요청하기 위한 하나의 서식이다. 작업 요청서는 승인받으면 작업 지시서가 되는데, 여기에는 다음과 같은 정보가 제공되어야 한다.

- 작업 수행 정보
- 보전 비용 정보
- 설비 이력 정보

이 정보를 적절히 활용함으로 작업 비용에 대한 예측이 가능하고 작업 비용에 대한 예측을 통해 필요한 보전 비용 지출 계획을 수립할 수 있게 해야만 한다.

작업 지시서에는 위에 언급한 기본적인 정보 제공 이외에도 다음과 같은 방법들이 적용되어 있어야 한다.

- 작업을 요청하는 방법
- 작업 목표와 작업 시작과 완료 시간을 기록하는 방법
- 수행할 작업 유형을 확인하는 방법
- 작업의 각 단계 별 세부 지시 사항들을 작업자에게 전달하는 방법
- 작업 비용이 작업 예산을 초과할 때 이를 처리하는 방법
- 작업을 계획하고 일정 계획을 수립하는 방법
- 작업을 작업자들에게 할당하는 방법
- 특수 장비나 자재의 사용을 기록하는 방법
- 투입 인력과 사용 자재의 비용을 기록하는 방법
- 보전 생산성과 관리 효율성을 가늠해 볼 수 있는 보고서를 작성하는 방법
- 모든 보전 비용 분석 보고서를 만드는 방법

2.1 작업 지시 번호

작업 지시 시스템의 성공을 위한 열쇠는 작업 지시서 번호이다. 이 지시 번호를 통해 특정한 작업 요청서를 확인할 수 있으며 모든 작업 관련 정보(투입 인력, 사용 자재 등)도 이 지시 번호로 확인할 수 있다. 작업 지시서를 효율적으로 사용하기 위해서는 승인된 작업 요청서에 대해서 작업 지시 번호를 부여해야 하며 이는 계획 여부나 비상 작업, 긴급 작업과도 무관하게 어떤 작업에나 해당된다.

계획된 작업은 설비 가동에 영향을 주지 않고도 계획, 일정 수립, 작업을 할 수 있게 해달라고 요청된 작업이다. 계획되지 않은 작업은 작업 시간이 짧아서 작업자가 다른 작업을 하고 있는 동안일지라도 작업을 해달라고 요청된 작업이다. 이런 계획이 수립되지 않은 작업은 성격상 적절한 작업이나 조치가 취해지지 않을 경우 긴급 상황으로 진행된다. 긴급 작업 요청서(고장 수리 작업 지시서라고도 함)는 설비의 고장으로 설비 가동이 중단되었을 때 요청된다. 이 경우 작업이 시작되기 전에 작업 지시서를 작성할 시간이 없다. 그러나 CMMS가 정상적으로 작동하기 위해서는 이런 상황일지라도 작업 요청서는 작성되어야 한다. 이는 모든 관련 비용들을 작업 지시서 번호로 집계하기 위해서이다.

예방 보전 관련 작업 지시서는 계획된 작업의 지시서와 같이 처리하면 되지만 별도로 구분하여 기록해야 예방 보전 비용(PM 비용)에 관한 정확한 집계가 가능하다. 고정적인 작업이나 반복적인 작업에 예방 보전 작업 지시 번호를 부여하여 예방 보전 관련 업무에 대한 정보 추적에 사용한다. 이렇게 예방 보전 작업 지시서에 구분된 작업 지시 번호를 부여함으로 예방 보전 비용의 효율성 향상에 도움이 되게 한다. 또 예방 보전은 아니지만 어떤 기간 내에 수행되는 반복적인 작업이나 고정적인 작업에 대해서도 구분된 작업 지시 번호를 부여해야 한다. 이렇게 작업 지시 번호를 작업 유형에 따라 구분해서 부여함으로 관리자는 별도의 노력 없이 작업 유형 별로 관리에 필요한 정보를 집계하여 볼 수 있게 된다.

2.2 작업 지시서 형식

작업 지시 번호를 부여하는 방법을 정의한 후에는 작업 지시서를 정의해야 한다. 일반적으로 사용되고 있는 작업 지시서 양식을 그대로 사용해도 되지만 기업의 실정에 맞게 새롭게 양식을 만들어서 사용할 수도 있다. 어느 쪽을 택하든지 작업 지시서는 다음 사항들을 고려하여 만들어져야 한다.

2.2.1 작업 지시서의 기본 형식

기본적으로 작업 지시서는 개별 작업 지시 번호를 제공해야 한다. 작업 지시 번호는 경우에 따라 미리 일련번호를 부여해 놓은 것일 수도 있다. 또한 작업이 어디에서 진행되는지를 확인할 수 있도록 설비 번호를 기입할 수 있어야 하며 기입된 설비 번호는 설비 별 보전 비용 집계에 사용된다. 회계 처리를 위하여 작업 비용 별로 계정 과목을 기입할 수 있어야 하며 회사 내에서 관리되는 프로젝트와 관련된 작업인 경우 프로젝트 번호도 기입할 수 있어야 한다.

다음과 같은 정보는 작업 요청 시 기록되어 작업 지시서로 상속되어야 한다.

- 작업 우선순위 등급
- 수행할 작업의 유형
- 작업 요청 내용

작업 우선순위 등급과 작업 유형은 코드화되어 사용되는 데 우선순위 등급과 작업 유형은 미리 정의된 코드가 부여되어 있어야 한다. 정보를 일관성 있게 유지하기 위해서 작업 요청서에는 작업의 우선순위를 구분할 수 있는 작업 우선순위 코드와 작업의 종류를 구분할 수 있는 작업 유형 코드가 반드시 기입되어야 한다.

2.2.2 작업 지시에 대한 일정 계획

요청된 작업에 대해 적절한 일정 계획을 수립하려면, 관리자나 계획 담당자가 작업 지시서에 투입 인력, 직능, 사용 자재 등과 같은 작업을 수행하기 위해 필요한 항목에 대해 예상 소요치를 기록할 수 있어야 한다. 이러한 예상 소요량은 작업 일정 계획을 수립하는 데 도움을 준다. 이런 예상 소요량에 따라 작업 비용이 예상되는데 작업 비용을 정하기 위해서는 작업을 요청한 사람이 예상 비용을 입력하는 방법도 있어야 한다. 이 예상 금액이 관리상 일정 금액 이상이 되면 몇 단계의 승인 절차를 거쳐야 하며 작업 지시서에는 이런 승인 사항도 기록될 수 있어야 한다.

또한 작업 지시서에는 작업과 관련하여 상세한 지시 사항들을 기록할 수 있어야 하며 작업 계획 내용도 포함되어야 한다.

2.2.3 보고서 정보

작업 지시서에는 실제로 투입된 직능 별 투입 인력과 사용 자재가 기록되어 있어야 한다. 실 투입량은 작업이 끝난 후 계획량과 비교하여 작업 효율성 보고서를 작성하는 데 이용된다.

또한 작업 지시서에는 수행한 작업 내용도 상세히 기록할 수 있어야 하며 이는 작업 완료 후 작업 계획 내용과 비교하여 계획 수립의 효율성을 평가하는 보고서를 만드는 데 도움을 준다. 작업 지시서에 작업 내용을 기록할 때 작업을 명세화한 작업 코드들을 사용하여 보고서를 작성하는 시간을 단축하도록 한다.

2.3 작업 지시서의 업무 프로세스

일반적으로 작업 지시서는 다음과 같은 시나리오에 따라 처리된다.

1단계: 설비에 대한 작업 요청인 경우 작업 요청 사유를 작업 요청서에 기록한다.

2단계: 요청된 작업에 대한 상세한 작업 내용을 작업 요청서에 기록한다. 작업 요청서에는 앞에서 언급한 각종 코드를 사용하여 작업 요청 내용을 기록할 수 있으며 다음과 같은 항목도 코드화하여 사용할 수 있다.

- 작성자 ID
- 관리자 ID
- 작업 유형 코드
- 작업 상태 코드
- 설비 코드

3단계: 작업 요청자는 정해진 우선순위 부여 방법에 따라 작업 요청서에 대한 우선순위를 부여한다.

4단계: 작업 요청자는 작업 요청일과 완료 요청일을 기입한다.

5단계: 작업 요청서가 보전 부서에 접수된다. 이때 작업 지시 번호가 부여된 작업 지시서 양식을 사용하여 작업 요청 내용을 접수하게 된다. 이 작업 지시 번호는 전 보전 업무에 영역에 걸쳐 작업 지시서를 처리하는 키가 된다. 따라서 작업 지시서를 인용하여 사용할 때는 반드시 작업 지시 번호를 기록해 놓아야 한다.

6단계: 요청된 작업에 대해 승인 여부를 검토한다. 만약 요청된 작업을 승인하지 않을 경우 작업 요청자와 별도로 협의를 진행한다.

7단계: 요청된 작업에 대해 별도의 작업 지시서가 생성된다.

8단계: 요청된 작업이 접수, 승인 과정을 거쳐 작업 지시서가 생성되었으면 계획 담당자는 해당 작업 지시서에 대한 계획을 수립한다. 작업에 필요한 인력, 자재, 공구 등에 대한 준비 상황을 감안하여 일정 계획을 수립한다.

일정 계획을 수립하지 못한 작업 지시서는 작업 백로그에 남겨 두어 완료되지 못한 작업 지시서들을 파악하는 데 사용하도록 한다.

9단계: 작업 지시서에 대한 계획과 일정 계획이 수립되면 작업 관리자는 작업 시작에 필요한 사항들을 자세히 준비한다.

10단계: 작업 관리자가 작업자들에게 작업을 할당하고 작업자는 작업을 완료하면 다음과 같은 내용을 보고한다.

- 작업에 소요된 시간
- 사용된 자재
- 작업 내용

11단계: 작업 관리자는 작업 지시서의 작업 정보를 검토하고 작업 지시서를 마감한다.

12단계: 마감된 작업 지시서는 보전 관리자가 최종 검토하여 작업 지시서의 정보를 완성시킨다. 모든 보전 작업 정보가 기록된 후 작업 지시서의 내용을 가지고 설비 이력을 기록한다.

2.4 작업 지시서의 정보 활용

완료된 작업 지시서는 보전 비용의 추적과 부서 별 비용 지출에 대한 분석 정보로 활용할 수 있다. 추적 가능한 두 가지 중요 항목은 투입 인력과 사용 자재 비용이다.

투입 인력 비용은 작업 지시서에 기록된 투입 인력에 대한 시간 비용이다. 투입된 시간 비용은 작업 지시서에 의해 지출로 기록된다. 또한 시간 비용은 각 작업자들의 급여 계산 자료로 사용될 수 있고 이로써 모든 시간 비용이 결산 처리되었음을 확인할 수 있다.

사용 자재 비용은 작업 지시서에 기입된 사용 자재 정보로 계산된다. 설비에 사용된 전용 자재를 포함하여 보전 창고에서 가져온 자재들이 작업 지시서에 기록된다. 사용된 자재명, 부품 번호, 비용 정보에 관한 상세한 사항들이 포함되며 이러한 정보는 작업자나 계획 담당자가 기입할 수 있는 것들이다. 이렇게 수리 자재에 대한 사용 현황을 관리함으로 적절한 때에 재주문하게 되어 모든 수리 자재들이 결품되지 않고 적정 재고 수준을 유지할 수 있게 된다. 그리고 작업에 필요한 특수한 공구들이나 장비들에 대한 사용 정보도 작업 지시서에 기록한다.

경영자가 요구하고자 하는 정보의 양과 질에 따라 작업 지시서의 형식이 최종적으로 결정될 것이다. 이렇게 결정된 작업 지시서 양식을 사용하여 성공적으로 시스템이 구축되면 경영자는 다음과 같은 항목 별로 비용 분석에 필요한 정보를 얻을 수 있다.

- 해당 업무 별
- 설비 별
- 기술 별
- 우선순위 별
- 부서 별

작업에 대한 백로그 정보는 종종 필요한 투입 인력을 예상하거나 설비 가동 중단 시간을 결정하기 위해서 사용되기도 한다.

작업 지시서의 정보 활용을 위해 늘 염두에 두어야 할 것은 작업 지시서에 관련 정보가 정확히 기입되지 못하거나 보존 중인 정보를 제대로 사용하는 훈련을 하지 않으면 시스템이 제 기능을 발휘하지 못하거나 비효율적인 것이 되고 만다는 것이다. 정보 이용에 숙련된 담당자들이 특히 작업 계획과 일정 수립 과정에서 이런 정보들을 능숙하게 사용할 때 보전 부서는 더욱 효율적으로 돌아가게 될 것이다. 완전하며 객관적이고 지식적으로 계획을 수립하면 작업 인력의 80~90%를 일정 계획이 수립된 작업에 투입하고 10~20%를 비상이나 긴급 작업에 투입할 수 있게 될 것이다. 작업 지시서 시스템을 사용하여 이용할 수 있는 정보를 완전하게 활용하게 되면 필요할 때에 보전 기능을 향상시키거나 보전 생산성이나 효율성을 향상시킬 수 있을 것이다.

3. 보전 업무의 전산화

작업 지시서 관련 업무를 전산화하여 적절히 활용하게 되면 보전 효율성이 향상될 것이다. 이미 수작업으로 작업 지시 관리를 효율적으로 하고 있다면 CMMS가 설치 운영되는 경우 그 효과는 더욱 클 것이다. 다시 한번 더 정리하면 CMMS의 구축 목표는 다음과 같다.

1) 기존 설비에 대한 보전
　① 설비 고장 시간 축소
　② 설비 수명 연장
2) 설비에 대한 점검과 정비
　① 생산 일정과 연계된 PM 작업
3) 신규 설비 설치와 재배치
4) 보전 자재 재고 관리
　① 예비 자재 재고 최소화
5) 기술 관리
　① 인력 생산성 극대화

이러한 목표를 달성하려면 보전 관리자에게 많은 관련 정보가 필요하다. 만약 수작업으로 이런 목표를 달성하기 위해 보전 정보를 다양한 수단을 사용해서 수집해 놓았다면 정보의 분량과 다양성 때문에 정보를 제대로 활용하기가 어려울 것이다.

잘 설계되어 개발된 CMMS는 대부분의 수작업 서류 처리 업무를 없애 주며 정보를 기업 내에서 공유시켜 준다. 이렇게 CMMS로 처리되고 공유된 정보는 경영자, 관리자, 계획 담당자, 창고 담당자, 회계 담당자 등 기업 구성원 모두에게 매우 유용하게 제공될 것이다.

규모가 큰 기업에서는 CMMS의 모든 기능을 한번에 시작하는 것보다 단계적으로 적용해 나가는 것이 효율적일 수도 있다. 규모가 작은 기업이라면 처리해야 할 정보의 양만 문제 되지 않는다면 CMMS의 모든 기능을 동시에 시작할 수도 있을 것이다. 보전 부서 인원이 5명 이하인 경우는 소규모 시스템을 도입하는 것이 비용 효과적일 수 있다.

CMMS 운영에 필요한 데이터베이스는 보전 정보를 입력해가면서 발전시켜야 한다. 설비들의 정상 상태 유지에 필요한 조건과 자재에 대한 정보 등 보전 정보를 파악해야 하며 이 정보를 데이터베이스에 입력하여 데이터베이스를 발전시켜야 하고 데이터베이스의 정보들은 모든 보전 업무 관련자에게 유용한 정보로 제공될 수 있어야 한다.

CMMS 구축을 통해서 보전 부서와 생산 설비의 효율성 증가 효과가 있으며 다음과 같은 효과를 기대할 수 있다.

- 기술 생산성의 증가
- 설비 가동 시간의 증가
- 자재 재고의 감소
- 비상/긴급 정비 감소

CMMS의 정확한 정보 처리 능력 때문에 작업에 필요한 인력과 자재들에 대해 정확한 예측이 가능해졌다. 이에 따라 작업에 대한 계획과 작업 일정을 정확하게 수립하는 것이 가능해져 작업자들의 시간 낭비를 줄일 수 있게 되었다. 또한 자재 재고 현황을 실시간으로 파악할 수 있게 되고 자재 사용에 대한 예측도 가능해 결과적으로 적정 수준의 재고 관리를 통해 창고 재고를 축소하는 것이 가능해졌다.

CMMS 데이터베이스에 있는 정보는 신속하게 접근이 가능하므로 보전 부서뿐만 아니라 생산 담당 부서에서도 보전 작업의 진척 사항을 실시간으로 파악할 수 있다. 작업의 진척 사항을 실시간으로 파악한다는 것은 작업 잔량을 관리할 수 있다는 것을 의미한다. 작업 잔량에 대한 관리가 되면 필요한 작업자와 수선 자재를 확보하여 작업을 원활히 진행시킬 수 있게 된다. 또한 내부 인력으로 작업 잔량을 다 처리할 수 없는 경우 외주 업체를 활용하여 작업 잔량을 효과적으로 처리하는 데도 작업 잔량 관리를 활용할 수 있다.

수작업으로 보고서를 작성하는 데 걸리는 시간은 이제 기업의 업무를 방해하는 시간이 되고 있다. CMMS를 이용하면 거의 즉시 보고서가 만들어지기 때문이다. 대부분의 CMMS로부터 얻는 보고서에는 다음과 같은 내용이 들어간다.

- 투입 인력
- 사용 자재
- 보전 비용

공장 운영 초기 단계의 예방 보전 주기는 각 설비 제조사에서 제공하는 표준이나 산업 표준에 의해 결정된다. 이렇게 초기 표준 주기로 공장이 운영되기 시작한 후 CMMS를 도입하면 CMMS는 이 주기에 의해 자동으로 예방 보전 작업을 계획하고 그 작업 결과를 시스템에 저장하게 된다. 시간이 경과하면서 고장과 부품 수명에 대한 일정한 패턴들이 생겨나게 되는데 CMMS는 모든 보전 정보를 감시함으로써 이러한 패턴에 맞는 개선된 예방 보전 주기를 구하게 된다. 또한 보전 비용을 감시함으로써 과다 정비나 과소 정비를 줄일 수 있게 되어 자원의 낭비를 예방해 준다.

이렇게 보전 관리 업무 전 영역에 걸쳐 효과적인 CMMS이지만 담당자들이 기본적으로 컴퓨터 기술이나 IT에 관해서 이해를 해야만 CMMS를 성공적으로 도입하고 사용할 수 있을 것이다.

3.1 컴퓨터 시스템

컴퓨터가 업무에 사용되기 시작한 초창기 때는 전문 기술자만이 컴퓨터를 사용할 수 있었으나 컴퓨터 관련 기술이 발달함에 따라 특별한 프로그래밍 기술이 없이도 누구나 컴퓨터를 사용할 수 있게 되었다. 또한 기술의 발달은 고성능 컴퓨터 시스템의 가격을 낮추게 되어 최근에는 개인용 컴퓨터로 대부분의 업무를 처리할 수 있게 되었다. 현재 일반적으로 CMMS가 운영되는 컴퓨터 환경은 다음과 같다.

- 메인프레임 컴퓨터
- PC(개인용 컴퓨터)

메인프레임 컴퓨터들은 동시에 여러 사용자들이 접속할 수 있는 좀 더 크고 고비용이 드는 컴퓨터이다. 이런 메인프레임 컴퓨터는 보통 일반인들이 접근할 수 없는 별도의 제한 구역에 설치된다. 사용자들이 메인프레임 컴퓨터에 접속하기 위해서는 네트워크에 연결된 별도의 단말기를 사용하였으나 최근에는 PC를 네트워크에 연결하여 단말기로 사용하는 추세이다. 대부분의 단말기는 PC처럼 키보드와 모니터로 구성되어 있었다.

PC는 네트워크에 연결되지 않는 한 한 사람만이 사용할 수 있도록 설계된 것이다. 그러나 PC가 네트워크에 연결되면 PC는 마이크로 컴퓨터(워크스테이션이라고도 함)나 메인프레임 컴퓨터와 연결되어 그와 유사한 능력을 갖게 된다. 이미 시장에는 포켓용으로부터 데스크톱 컴퓨터까지 다양한 종류의 PC가 많이 나와 있으며 점차 노트북을 PC로 사용하는 추세이다. 전형적인 데스크톱 컴퓨터는 다음과 같이 네 가지 기본 구성 요소를 가진다.

- 입력 장치: 키보드, 마우스
- 처리 장치: CPU
- 저장 장치: 메모리, 하드디스크
- 출력 장치: 모니터, 프린터

최근에는 이 시스템에 네트워크 장치와 다양한 입출력 장치와 다양한 저장 장치들이 추가로 들어간다.

3.1.1 하드웨어

CPU는 처리 장치와 주 기억 장치로 구성되어 있고 정보를 받고 저장하며 처리하고 또 옮길 수 있다. CPU는 제작자가 설치한 프로그램에 따라서 작동한다. 이 프로그램은 컴퓨터 시스템에서 CPU 및 다른 장치들로 자료의 흐름을 관리한다. CPU 프로그램은 사용자가 바꾸지 못한다. 응용 프로그램들과 자료를 저장하기 위한 디스크는 별도로 컴퓨터 시스템에 포함되어 있다. 키보드는 CPU에 명령을 내리거나 정보를 입력하는 데 사용된다.

명령과 데이터는 ROM(Read Only Memory)과 RAM(Random Access Memory)의 두 가지 형태의 메모리 칩에 저장되어 있다. ROM은 정보를 읽는 것만 가능하며 제조사에서 필요한 프로그램과 정보를 저장해 놓았다. ROM에 있는 프로그램에는 컴퓨터 시스템을 시작하고 컴퓨터를 작동시키는 명령들이 들어 있다. ROM에 있는 프로그램 또한 사용자가 바꾸지 못한다.

RAM은 사용자가 작성한 정보와 프로그램을 저장한다. 이것은 거대한 정보의 저장 창고로 RAM은 수만 개의 구획들로 나누어져 있고 각 구획마다 주소가 할당되어 있다. 컴퓨터에서 사용되는 정보는 모두 이진 숫자(0과 1)로 존재한다. 이진 숫자 한 자리를 비트라고 하며 8비트를 한 바이트라 한다. 영문자 한 글자는 한 바이트로 표현되며 한글은 2바이트로 한 글자를 표현한다. 최근 PC에는 수 기가바이트의 RAM이 탑재되어 있으며 메모리 모듈을 추가해서 수십 기가 바이트까지 메모리를 확장할 수 있다.

PC의 가격은 아주 넓은 범위를 형성하고 있다. 아주 성능 좋은 시스템은 50만 원 정도에서 시작해서 200만 원 이상까지도 있는데 이것은 CPU의 성능, 메모리 용량, 주변 장치를 어떻게 설치하는가에 따라 정해진다.

3.1.2 주변 장치

CPU 자체 만으로는 컴퓨터 사용자에게 사용자가 알 수 있는 어떠한 정보도 주지 못한다. CPU는 주변 장치를 통하여 사용자와 정보를 주고 받는다. 이런 주변 장치들에는 대표적으로 모니터, 프린터, 키보드 등의 입출력 장치가 있다.

3.1.2.1 모니터

모니터는 사용자에게 텍스트나 그래픽 형태로 정보를 보여준다. 최근 모니터는 대부분 컬러 LCD 모니터이며 크기에 따라 약 10만 원에서부터 수십만 원까지 다양한 가격의 모니터들이 시장에 나와 있다. 모니터의 가격을 결정하는 요소에는 크기와 함께 해상도가 있다.

이제 모니터는 텍스트뿐만 아니라 그래픽 정보를 표시하기에 충분한 해상도를 가지고 있다. 해상도는 640×480의 VGA에서부터 SVGA(800×600), XGA(1024×768)를 사용하여 왔고 최근에는 그래픽 정보 표시가 늘어나서 FHD(1920×1080), WQHD(2560×1440) 이상의 고해상도 모니터들을 사용하고 있다.

앞으로 모니터 분야에는 터치 스크린이 일반적으로 사용될 것이라 예상된다. 터치 스크린을 통해 별도의 입력 장치 없이 컴퓨터를 조작하는 것이 일반화될 것이며 이런 기술은 CMMS에도 적용되어 직관적으로 시스템을 사용할 수 있게 될 것이다.

3.1.2.2 프린터와 플로터

프린터는 사용자에게 원하는 정보를 종이에 출력시켜 주는 장치이다. 현재 프린터는 잉크젯 프린터와 레이저 프린터 두 종류가 대부분이다.

잉크젯 프린터는 흑색 잉크나 3~4색의 컬러 잉크를 사용해서 인쇄를 하는데 흑색 잉크만 사용하는 흑백 프린터와 컬러 잉크를 사용하는 컬러 프린터가 있다. 잉크젯 프린터는 인쇄 속도가 느리고 잉크 카트리지를 자주 교체해야 하는 불편함이 있지만 구입 비용이 저렴하여 가정용이나 개인 사무용으로 많이 사용되고 있다. 잉크젯 프린터의 단점은 잉크 카트리지가 프린터에 비해 매우 고가여서 다량의 인쇄를 하는 곳에는 적합하지 않다. 그러나 전용 용지를 사용하면 매우 뛰어난 해상도의 인쇄 품질을 얻을 수 있다.

레이저 프린터는 일반적으로 다량의 인쇄를 하는 사무실에서 많이 사용된다. 인쇄 속도가 빠르며 잉크젯 프린터에 비해 유지 비용이 적게 든다. 레이저 프린터에는 복사기와 마찬가지로 드럼과 토너 카트리지가 있다. 토너에 따라 흑백이나 컬러 프린터로 구별된다. 유지 비용이 저렴하지만 프린터를 구입하는 비용은 잉크젯 프린터에 비해 비교적 고가이다.

또 다른 출력 장치로 주로 대형 도면이나 그림 등을 출력하는 플로터가 있고 라벨, 영수증 등을 주로 인쇄하는 라벨 프린터도 있다. 라벨 프린터는 특수 용지에 열을 가해 인쇄하는 방식인 열 전사 방식의 프린터가 대부분이다. 또한 프린터에 스캐너, 팩스, 복사기 기능을 함께 넣은 복합기가 소규모 사무실에서 많이 사용되고 있다.

3.1.2.3 저장 장치

가장 흔한 저장 장치는 하드디스크 드라이브이다. 하드디스크 드라이브는 회전하는 자기 디스크를 사용하여 자료를 저장한다. 하드디스크 시스템은 일정한 속도로 회전하는 하드디스크를 사용한다. 헤드는 자료를 읽거나 쓰기 위해 디스크 표면에서부터 1~2미크론 띄워져 있다. 디스크와 헤드는 밀폐해서 오염을 차단한다. 크기는 3.5인치와 2.5인치 두 종류가 대부분이며 3.5인치는 데스크톱용 PC에, 2.5인치는 노트북 컴퓨터에 주로 사용된다. 하드디스크 시스템은 이제 수 테라 바이트까지의 정보를 저장할 수 있다.

최근에 나온 저장 장치인 SSD는 하드디스크 드라이버와 달리 자기 디스크가 아닌 반도체 메모리를 내장하고 있다. 따라서 SSD는 기계 구동 장치가 필요 없어 열과 소음이 발생하지 않고 외부 충격에도 강한 장점을 갖고 있다. SSD는 낸드 플래시 메모리에 자료를 읽고 쓰는 방식으로 하드디스크보다 읽고 쓰는 속도가 훨씬 빠르다. 특히 컴퓨터 부팅 속도에서 하드디스크 방식의 컴퓨터가 30여초 필요하다고 가정하면, SSD 방식의 컴퓨터의 부팅 속도는 10여초에 불과하다. 또한 대용량 파일을 읽는 속도의 경우 하드디스크는 1초에 80~90MB를 읽을 수 있는 반면 SSD는 540MB에 이른다. SSD는 크기에 따라 1.8인치, 2.5인치, 3.5인치로 나누어진다. 대용량 SSD 개발에 따라 HDD를 대체할 차세대 저장 장치로 여겨진다.

3.1.2.4 입력 장치들

컴퓨터 시스템의 일반적인 입력 장치는 키보드와 마우스이다. 정보의 입력은 주로 키보드로 하며 컴퓨터에 대한 조작은 주로 마우스로 한다. 키보드는 키를 치면 그것이 전기 신호로 변환되어 컴퓨터의 CPU로 보내지고 마우스는 상하, 좌우의 움직임과 버튼이 눌려지면 그것이 전기 신호로 변환되어 CPU에 보내진다.

컴퓨터 시스템이 발달함에 따라 바코드 리더기, RF Tag 리더기, 전자 펜, 음성 인식 장치 등이 입력 장치에 이용되고 있다. 이러한 입력 장치로 인하여 더 많은 정보의 신속한 입력이 가능하게 되었으며 컴퓨터 시스템의 입력 장치는 계속적으로 발전하는 중이다. 현재는 바코드 리더기와 RF Tag 리더기가 자동 입력 장치로 많이 활용되고 있다. 자료 입력용 보조 장치들은 앞으로 지속적으로 발전하여 새로운 형태의 장치가 개발되어 나올 것이라 예상된다.

4. CMMS에 대한 이해

앞에서 보전 작업 지시에 대해 살펴보았다. CMMS가 효율적이고 효과적으로 운영되려면 먼저 CMMS와 같은 종류의 시스템을 충분히 이해해야 한다. 이런 기본 지식이 있어야 설비 보전 관리에 대한 전산화가 가능하다.

모든 CMMS는 세부적인 사항과 사용하는 용어의 차이가 있을 뿐 모두 같은 방식으로 운영되고 있다. 기본적으로 작업 지시 시스템을 사용한다는 것이다. 컴퓨터 시스템의 중요한 한 가지 이점은 속도이다. 수작업 업무에서는 대규모 정보 처리나 소통, 공유 등의 어려움으로 많은 문제들을 놓치기 쉬운데 CMMS를 사용하면 자료나 업무 처리 속도가 향상되어 사전에 많은 문제점들을 해결할 수 있게 해준다. 또한 서류 정리나 업무 처리에 들어가는 시간을 단축하여 업무 생산성 향상에도 도움을 준다.

4.1 Computerized Maintenance Management

일반적으로 보전 업무를 전산화하면 다음과 같은 효과를 기대할 수 있다.

- 보전 작업 효율 개선
- 보전 비용 절감
- 예방 보전에 대한 일정 계획 수립으로 조업 정지 시간 최소화
- 설비 수명 연장
- 작업 계획과 예산 편성을 위한 과거 이력 정보 제공
- 사용자 요구에 맞는 각종 보고서 제공

설비나 시설물에 대한 유지보수 비용은 종종 기업 전체 예산에서 큰 부분을 차지한다. 설비나 시설물은 교체 비용이 높기 때문에 설비나 시설물의 수명을 가능한 한 연장해야 한다. 이를 위해서는 설비 보전 작업에 대한 일정은 정확해야 하고, 계획된 작업 일정에 따라 보전 작업이 효과적으로 수행되어야 하며, 작업에 대한 기록들도 잘 보존되어야 한다.

CMMS를 이용해서 모든 보전 비용과 작업 내역에 대한 정보를 추적할 수 있다. 정보의 추적은 작업 지시서를 관리함으로써 가능하게 된다. 작업 지시서에 들어 있는 비용들을 관리하며 일정 계획을 이용함으로써 보전 비용들을 감시할 수 있다. 이로써 관리자는 보전 예산안에 대한 계획을 수립하고 그 근거를 찾는 데 필요한 정보를 얻게 된다.

비용을 관리하는 또 다른 방법은 재고와 구매 항목을 관리하는 것이다. 재고 관리를 통해서 설비 보전을 위해 사용된 자재에 대한 근거를 찾는다. 자재 사용에 대한 근거를 분석하면 수리 자재 재고를 최소화할 수 있다. 구매 관리를 통해서는 거래처, 납기 등을 관리할 수 있다.

CMMS의 또 다른 중요한 특징은 예방 보전에 대한 일정 계획을 수립하는 것이다. 효과적인 예방 보전을 통하여 과다 정비(Over Maintenance)를 방지할 수 있고 설비의 고장을 줄여 가동 시간을 늘리고 설비나 시설물의 수명을 연장시킬 수 있다. CMMS를 도입할 때 비용이 들지만 CMMS를 운영하면 이러한 여러 가지 효과들로 인해 일정 기한이 지나면 전체 보전 비용은 줄어든다. CMMS 도입 후 시간에 따른 보전 비용의 추이에 대해서는 [그림 1]에 나타나 있다.

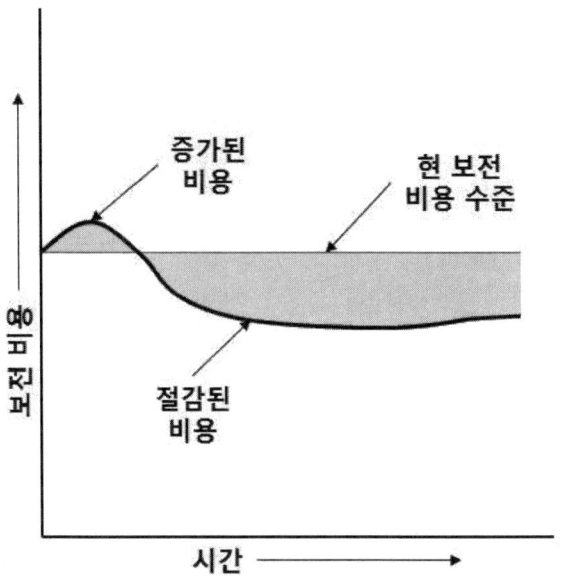

[그림 1] CMMS 도입 후 보전 비용 추이

대부분의 CMMS는 아래와 같은 네 가지 모듈을 기본적으로 가지고 있다.

① 보전 작업 관리

② 보전 자재 관리

③ 예방 보전 관리

④ 각종 보고서

이들 각 모듈에 대한 기능들에 대해서는 아래 부분에서 다룰 것이다.

4.2 보전 작업에 대한 계획

작업 지시서는 보전 작업에 대해 상세히 기술한 문서이며 다음과 같은 항목들이 포함되어 있어야 한다.

- 작업 지시 번호
- 작업 요청 내용
- 작업 방법
- 작업 종류(비상, 긴급, 일상, PM 작업 등)

앞서 논의했던 대로 작업 지시서는 다음과 같은 관리에 필요한 정보와 문서를 제공해야 한다.

- 작업 수행 관리
- 작업 비용 관리
- 설비 이력 추적

효과적인 작업 지시서 시스템의 기본은 수작업의 경우와 동일하게 작업 지시서 번호가 관리의 시작이 된다. 모든 사용 자재외 투입 인력에 이 작업 지시 번호를 표기한다.

작업 지시서는 작업 요청서 형식으로 시스템에 입력해야 하는데 이 요청서 형식은 보전 작업을 요청하는 요청자가 작성하거나 입력하게 된다. 요청한 작업이 접수되어 작업 지시서가 만들어졌다면 요청자는 작업 지시서를 검토하고 작업 중이라면 갱신할 수 있고 작업이 완료되었다면 백로그에서 삭제할 수도 있다. 작업 지시서 시스템의 업무 흐름은 아래 [그림 2]에 있다. 이 흐름도에는 전형적인 CMMS의 작업 지시 모듈의 업무 단계 별 흐름을 설명하고 있다.

CMMS의 첫 번째 기능은 작업 요청서 정보를 입력하는 것이다. 이 작업 요청 과정에는 다음의 네 가지 중요한 목표가 들어 있다.

① 작업 지시서를 작성하는 수단 제공
② 작업 지시서의 정보를 추적하는 다양한 방법 제공
③ 보전 비용을 작업 지시서에 부가하는 방법 제공
④ 완료된 작업에 대한 요약 정보 제공

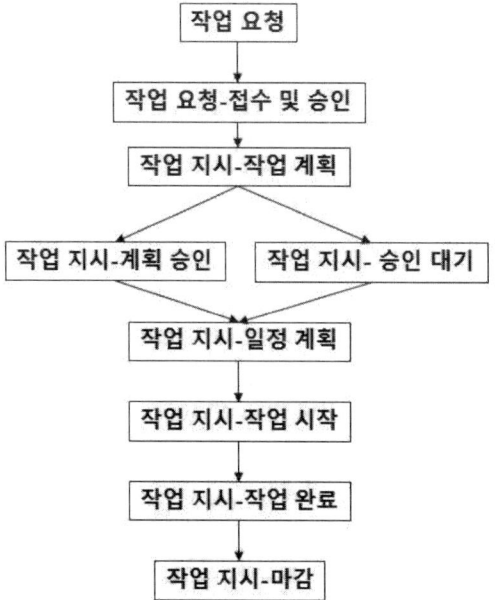

[그림 2] 작업 지시 업무 흐름도

4.2.1 작업 지시서의 등록

작업 지시서는 기본적으로 작업 지시 등록 화면을 통해 시스템에 등록된다. 그 과정은 수작업으로 작업 지시서를 기입하는 것과 비슷하다. 아래 [그림 3]은 작업 지시서 등록 화면의 한 사례이다.

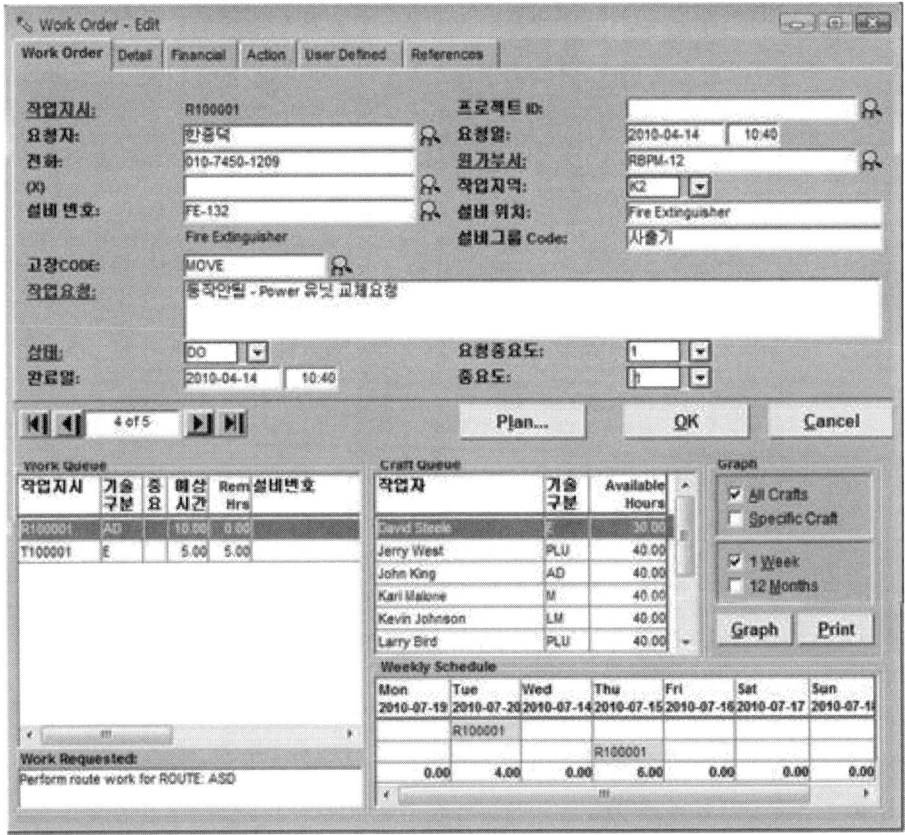

[그림 3] 작업 지시서 등록 화면

작업 지시서에는 작업 대상 설비의 설비 번호를 구체적으로 입력해야 하며 요청된 작업의 우선순위와 세부 요청 사항도 입력되어야 한다. 또한 작업 수행에 들어갈 작업 비용에 대한 예상도 필요하다. 경우에 따라 복잡한 작업이나 대규모 작업인 경우 실제로는 많은 작업 지시서를 등록해야 할 경우도 있다. 즉 하나의 작업 지시서를 좀 더 작은 여러 개의 작업 지시서로 자세하게 분류한 후 계획을 수립하고 일정 계획도 수립하게 된다. 이때 작은 작업 지시서들은 종속적인 작업 지시서로 분류한다.

이렇게 여러 개의 종속적인 작업 지시서로 분류된 작업은 요청된 작업이 성격상 대규모 작업이거나 작업이 복잡해서 여러 단계나 부문으로 자세히 분류해야 함을 뜻한다. 이 경우 작업 지시 시스템은 종속적인 작업 지시서들을 볼 수 있게 해야 하는데 보통 마스터 작업 지시서 번호를 종속된 작업 지시서에 기입함으로써 가능하게 된다. 종속적 작업 지시서는 각 작업 지시서에 대한 간략한 설명과 함께 마스터 작업 지시서에 표시된다.

작업 지시서가 시스템에 등록된 후에는 작업 정보 변화에 따른 정보 수정 기능이 있어야 한다. 작업 지시서의 작업 정보는 업무가 진행되어 세부적인 사항이 결정되면 그에 따라 변화가 발생한다. 기존에 등록된 작업 지시서보다 더 많은 작업 지시서가 등록될 수도 있고 작업 비용에 대한 예상이 변경될 수도 있을 것이다. 이러한 작업 정보의 변경에 따라 작업 지시서에도 변화를 줄 수 있어야 한다.

또한 담당자가 이미 등록된 작업 지시서의 정보를 조회해 볼 수 있는 기능도 있어야 한다. 조회 기능은 수정 기능과 통합되기도 하지만 일반적으로 조회 기능은 별도로 구현된다.

최종적으로 작업 지시서를 완성하기 위해서는 작업 계획 시간을 입력해야 한다.

4.2.2 작업 지시 백로그

작업 지시 백로그는 오픈된 모든 작업 지시서를 저장하는 영역이다. 작업 지시서가 등록되면 CMMS는 등록된 작업 지시서를 작업 지시 백로그 파일에 저장한다. 이 백로그 파일은 오픈된 모든 작업 지시서를 저장하고 있는 마스터 파일이다.

시스템에 등록된 모든 작업 지시서는 취소되거나 완료될 때까지 백로그 안에 머무른다. 백로그를 사용하므로 오픈된 모든 작업 지시서를 한 눈에 쉽게 알아 볼 수 있다. 백로그 검색 기능으로 사용자는 원하는 조건에 맞는 특정한 작업 지시서들을 선택할 수 있다. 예를 들면 설비 번호, 우선순위, 계획 수립 담당자, 관리자, 작업 종류, 보안 상태, 조업 중지 여부 등의 조회 조건으로 작업 지시서를 검색할 수 있다.

4.2.3 작업 계획 및 일정 수립

CMMS의 작업 계획 수립 기능은 작업을 계획하는 데 필요한 정보를 제공한다. 작업 계획 기능에는 다음과 같은 네 가지 목표가 있다.

- 작업자가 수행할 작업을 배정하는 효과적인 방법 제공
- 작업 방법을 관련자들에게 전달하는 효과적인 방법 제공
- 고정 보전 비용을 평가하고 저장하는 방법 제공
- 각종 보고서를 작성에 필요한 정보 수집 방법 제공

작업 지시서에는 작업을 수행하기 위해 몇 가지 정보가 필요하다. 작업에 대한 계획을 하는 동안 CMMS에는 다음과 같은 정보가 입력되어야 한다.

- 투입 인력 내역
- 사용 자재 내역
- 사용 장비나 공구 내역
- 작업 방법

계획 수립 담당자가 작업을 계획하게 되면 작업 지시서에 이런 정보를 입력하는 데 대한 책임이 따른다. 작업자들은 작업 지시서를 받으면 계획된 내용이 작업에 적절한지 확인하게 된다.

작업을 계획할 때 위에서 말한 인력 투입, 자재나 장비 및 공구의 사용, 작업 방법들을 상세하게 계획하게 되는데 이것은 작업에 대한 일정을 수립하기 위해서이다.

4.2.3.1 작업 기술

작업 지시서에는 수행할 작업 유형에 적합한 작업 기술에 대한 정보가 있어야 한다. 이 작업 기술 정보는 작업자를 배정하기 위해 해당 작업 기술을 보유한 작업자를 선택하는 데 이용되며 작업자가 배정되면 작업에 대한 일정 계획을 수립할 수 있게 된다. 작업 기술에 대한 계획을 위해서는 다음과 같은 세부 항목들에 대한 계획을 수립해야 한다.

- 작업 기술
- 투입 인원
- 작업 시간

작업 기술 별 투입 인원과 작업 시간 정보를 사용함으로써 정확한 일정 수립이 가능하게 되어 작업을 가장 효율적으로 실행할 수 있게 될 것이다.

4.2.3.2 작업 절차

복잡한 작업인 경우 작업 지시서의 기본적인 내용만으로는 작업을 하는 데 필요한 정보가 충분치 못한 경우가 있다. 이 경우 별도로 작업 절차에 관해서 상세하게 설명을 추가하여 작업 절차를 등록할 수 있다. 또한 작업 절차뿐만 아니라 각 절차에 따른 작업 방법까지도 상세하게 등록할 수 있다. 등록된 작업 절차와 작업 방법은 작업 진행에 맞추어 작업 절차 별로 작업자에게 제공된다.

4.2.3.3 수리 자재

단순한 점검 작업이 아닌 경우 대부분의 작업은 부품 교체 작업이 수반되므로 이에 따라 수리 자재가 필요하게 된다. 그러나 막상 작업을 시작했는데 수리 자재가 없어서 작업을 하지 못할 경우 작업자들은 매우 당황하게 된다. CMMS는 작업에 대한 일정 계획을 수립하면서 작업에 사용할 자재가 있는지를 확인하게 되므로 자재 결품으로 인해 작업이 지연되는 것을 사전에 방지할 수 있다.

수리 자재 관리 기능은 다음과 같은 정보를 제공해 주어야 한다.

- 사용될 자재의 품번
- 사용 수량
- 자재 비용
- 자재에 대한 설명

이러한 수리 자재 정보를 제공하는 방법은 수리 자재에 대한 재고 현황과 출고 리스트를 이용하는 것이다. 간혹 자재 간접 비용을 출고 금액에 포함시키는 경우도 있다.

4.2.3.4 작업 공구

작업에 대한 계획을 수립할 때 주의해야 할 것 중 하나가 작업에 특별한 공구가 필요한 경우이다. CMMS는 이런 특수 공구가 작업을 수행할 때 사용이 가능한가를 확인해서 일정 계획을 수립한다. 작업 공구 관리에서는 다음과 같은 항목들을 관리해야 한다.

- 공구 ID
- 공구에 대한 설명
- 필요 수량
- 사용 비용(필요한 경우)

CMMS를 통해 제공된 공구 정보를 바탕으로 작업자들은 작업에 필요한 공구를 준비하여 작업에 차질 없이 임할 수 있다.

4.2.3.5 종속 관계

작업 지시서들 간에는 상호 종속 관계가 있으며 이러한 관계에 주의해야 한다. 종속 관계가 있는 작업들은 반드시 선행 작업이 완료되어야 후행 작업을 할 수 있으므로 작업 일정 계획을 수립할 때 반드시 작업 지시서 간의 종속 관계를 고려해야 하기 때문이다. 예를 들면 설비에 새로운 부품을 교체 설치하려면 먼저 설비를 분해하고 기존의 부품을 설비에서 제거하기 전에는 불가능하다. 작업 지시서가 복잡하고 규모가 큰 작업인 경우 작업 지시서 간의 종속 관계를 이용하여 보다 단순하고 규모가 작은 작업 지시서들로 분리하여 관리하는 것이 효율적일 것이다.

4.2.4 작업 지시서의 갱신

작업 조건이 바뀌면 이미 수립된 작업 계획 정보를 일부 수정할 필요가 있다. CMMS는 작업 지시서에 대한 갱신 기능을 제공하며 다음과 같은 항목들이 관리된다.

- 작업 기술/투입 인력
- 작업 절차/방법
- 사용 자재
- 작업 공구

4.2.5 설비 이력

CMMS는 모든 설비에 대한 이력 조회가 가능해야 한다. 설비에 대한 이력 정보는 보전 관리 업무에 많이 사용해야 관리 효율성을 높일 수 있다.

이를 위해 설비 이력은 언제든지 손쉽게 접근 가능해야 하며 설비 이력은 다음과 같은 세 가지 종류로 관리되어야 한다.

- 비상/긴급 수리 이력
- 일반 수리 이력
- PM 이력

설비 이력을 지속적으로 관찰하면 반복되는 문제들을 분간해 낼 수 있고 적절한 해결책을 찾아 설비의 효율을 향상시킬 수 있게 된다.

또한 설비 이력에 대한 검토를 통해 보전 비용에 대한 추적을 할 수 있다. 설비 이력을 통해 다음과 같은 비용 항목들을 추적할 수 있다.

- 인건비
- 자재비
- 외주비
- 기타 비용

4.2.6 설비 부분품 관리

설비 부분품 관리 기능은 작업 계획을 수립을 수행하는 데 필요한 핵심 기능이다. 부분품에 대한 품목 관리와 함께 수리 자재와의 관계도 모두 관리되어야 한다. 설비를 조회하면 해당 부분품에 대해 다음과 같은 정보가 제공되어야 한다.

- 제조사 품번
- 부품명/설명
- 해당 자재 품번
- 수량

4.2.7 일정 계획

오픈되어 있는 작업들에 대한 일정 계획은 작업 지시 백로그를 이용하여 수립한다. 먼저 일정 계획을 수립할 작업을 선택해야 하는데 일정 계획 수립 담당자는 다양한 정보를 이용하여 적합한 작업 지시서를 선택할 수 있어야만 한다.

일정 계획을 수립할 작업을 작업 지시 백로그에서 선택하였으면 선택한 작업을 일정 목록에 올린다. 이 목록은 작업을 수행할 준비가 된 작업 지시서들의 목록이다. 각 작업에 대한 일정 계획은 매일 일정 목록에서 일정 계획 수립 범위에 있는 작업들을 작업 요구 일자 별 우선순위에 따라 순서대로 선택함으로 수립된다.

해당 작업에 필요한 자재가 수리 자재 창고에 있어 작업에 사용할 수 있다는 것을 CMMS를 통해 일정 계획 수립 담당자가 알 수 있으므로 이러한 작업들은 작업을 수행할 준비가 되었다고 판단하여 일정 목록에 올리게 된다. 만일 사용할 자재가 없을 경우 해당 작업은 일정 목록에 올릴 수 없고 구매 주문해야 할 것이다.

또한 CMMS는 매일 작업에 필요한 자재가 있는지 창고를 확인하여 알아볼 수도 있으며 작업에 필요한 자재가 구매되어 입고된 경우 입고 정보를 일정 계획 수립 담당자에게 즉시 제공한다.

4.2.7.1 주간 일정 계획

주간 일정 계획은 작업자들의 작업 수행용으로 작성된다. 작성된 주간 일정 계획은 일자별로 작업 계획이 수립되어 있으며 작업자들에게 배포된다.

4.2.7.2 작업 지시서의 마감

작업이 끝나면 작업자는 작업 지시서를 마감하고 마감된 작업 지시서를 작업 지시 백로그에서 삭제한다. 가능한 CMMS에는 작업 마감을 실시간으로 처리해야 한다. 또한 작업에 투입된 인력과 사용한 자재를 기입하고 보전 비용도 정산한다. 필요한 경우 작업에 대한 평가나 특이 사항 등도 입력해 둔다. 작업 지시서가 마감되면 시스템은 마감된 정보를 바탕으로 각종 보고서를 작성하게 될 것이다.

4.2.7.3 작업에 대한 간접 비용 처리

작업에 대한 기타 비용이란 작업에 직접 투입된 작업자에 대한 인건비나 사용된 자재 비용 이외에 간접적으로 지출된 비용들을 말한다. 이러한 간접 비용 또한 작업 지시서에 있는 보전 비용에 포함시켜야 하며 이들 비용은 다음의 세 부분으로 나누어 집계한다.

- 간접 인건비
- 간접 자재비
- 기타 비용

이러한 간접 비용은 경우에 따라 회계 시스템에서 먼저 산출되고 CMMS는 산출된 간접 비용을 각 작업 지시서에 일정한 비율로 배분하여 보전 비용에 간접 비용을 추가한다.

4.3 작업자 관리

작업자에 대한 관리의 핵심은 작업에 투입된 시간을 관리하는 것이다. 작업에 투입된 시간은 작업 지시서에 입력하게 되는데 작업자 ID와 작업 지시서 번호, 작업 시간 등을 입력하면 된다. CMMS는 입력된 정보를 바탕으로 인건비를 계산하여 작업 지시서에 저장하고 작업 지시서에 저장된 인건비를 집계하여 총 보전 인건비를 산출한다.

4.4 수리 자재 관리

CMMS의 자재 관리 모듈은 재고를 줄여 재고 비용을 절감할 수 있게 해주면서 회계 관리 시스템에 자재 소용 비용에 대해 상세한 자료를 줄 수 있도록 설계되어 있다. 자재 관리 모듈의 두 가지 중요 목표는 다음과 같다.

- 자재 상태 감시
- 자재 출처 관리

4.4.1 수리 자재의 출고

수리 자재 창고에서 자재의 입출고가 발생하면 재고 수량과 재고 금액이 변경되어야 한다. 또한 자재 출고 시 사용 계획 수립 여부와 무관하게 반드시 작업 지시서를 근거로 출고되게 하여 자재 비용의 지출 근거를 확보해야 한다.

4.4.1.1 사용 계획이 없는 출고

작업에 대한 계획 수립 과정에서 어떤 자재들은 그 사용 계획이 수립되지 않는 경우도 있고 작업을 진행하다 보면 예상하지 못했던 자재가 필요할 때도 있다. 이런 경우에도 작업을 완료하기 위해서는 자재를 지급할 수 밖에 없는데 이렇게 자재 사용 계획이 수립되지 않고 자재가 출고되는 경우에도 해당 작업 지시서 번호를 출고 전표에 입력하여 근거를 남겨 놓도록 해야 한다.

4.4.1.2 사용 계획에 따른 출고

작업 계획에 따라 자재 사용 계획이 수립된 자재들에 대해서는 수립된 계획에 따라 자재가 출고되도록 해야 한다.

4.4.1.3 자재 반납

작업을 수행하다 보면 사용 계획에 따라 지급된 자재를 다 사용하지 않을 경우도 발생하며 이 경우 남은 자재를 다시 창고로 반납해야 한다. 남은 자재를 창고로 반납할 경우 반납과 관련된 정보를 쉽게 입력할 수 있도록 시스템이 구축되어 있어야 한다. 자재의 반납은 창고 재고가 증가하는 입고와 같은 효과가 있으므로 현 재고 수량도 반납된 수량만큼 증가시켜야 한다.

4.4.2 수리 자재 정보

대부분의 CMMS는 기본적으로 수리 자재에 대한 정보를 자재 명칭과 자재 번호의 두 가지 방법으로 접근할 수 있도록 하고 있다. 즉 수리 자재에 대한 목록은 자재 명칭 순으로 된 것과 자재 번호 순으로 된 것 두 가지를 제공받을 수 있다.

사용자가 자재 명칭을 입력하면 자재 명칭 순으로 된 목록을 보게 되고 자재 번호를 입력하면 자재 번호 순으로 된 목록을 보게 될 것이다. 보여진 목록에서 원하는 수리 자재를 선택하면 CMMS는 해당 자재에 대한 정보를 찾아서 [그림 4]와 같은 형태로 사용자에게 보여주게 된다.

4.4.2.1 작업 지시서와 수리 자재

CMMS를 이용하게 되면 각각의 작업에 필요한 수리 자재에는 어떤 것들이 있는지를 작업 지시서에 그 사용 계획을 수립하게 된다. 수리 자재의 사용과 관련하여 다음과 같은 정보가 관리되어야 한다.

- 작업 지시서에 관한 간략한 설명
- 수리 자재 필요량
- 출고된 수량

수리 자재를 주문하기 위해서는 CMMS에는 재고 수량, 필요 수량, 출고된 수량 정보가 있어야 한다. 즉 필요 수량에서 출고 수량을 뺀 수량이 현 재고 수량보다 클 경우 그 수량만큼을 주문해야 한다.

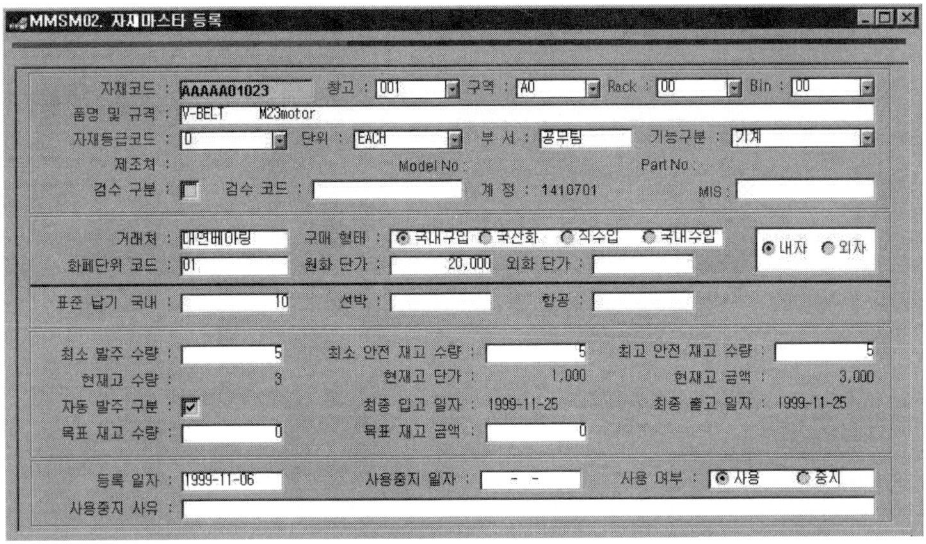

[그림 4] 자재 마스터 정보

4.4.2.2 설비와 수리 자재

CMMS는 수리 자재가 사용될 설비에는 어떤 것들이 있는지에 대한 정보를 제공한다. 사용자는 이를 통해 동일한 자재가 사용되는 설비에는 어떤 것들이 있는지를 알 수 있다. 대부분의 CMMS에서는 이것을 Where-Used 조회라고도 말한다.

4.4.2.3 수리 자재 재고 목록

수리 자재에 대한 재고 목록에는 자재에 대한 간략한 설명이 들어 있다. 이 기능을 통해서 동일한 설명의 모든 수리 자재에 대한 목록을 조회할 수 있으며 이 기능을 이용하여 수리 자재 번호를 몰라도 원하는 수리 자재를 찾을 수 있다. 수리 자재 재고 목록에는 수리 자재에 대한 간략한 설명 이외에도 수리 자재 명칭, 수리 자재 번호, 현 재고 수량 등의 정보가 들어 있다. 이 목록은 수리 자재 번호를 모를 때 원하는 수리 자재를 검색하는 데 매우 유용하다.

4.4.2.4 수리 자재 번호

모든 수리 자재는 수리 자재 번호를 부여하여 CMMS에서 사용하게 된다. 수리 자재 번호를 부여하게 됨으로 수리 자재에 대한 접근이 용이하며 동일한 수리 자재에 대해 명칭을 다르게 중복 등록되는 것을 방지하여 준다. CMMS에서는 이 수리 자재 번호를 중심으로 모든 자재 정보를 관리하게 된다.

4.5 수리 자재 재고 관리

4.5.1 재고 실사

창고에 있는 실물 재고 수량과 CMMS의 재고 정보가 일치하는지를 확인하기 위해서는 주기적으로 창고 재고에 대해 실사를 실시해야 한다. 재고 전체 조사를 매번 할 수 없는 경우 전체 재고 중 일정 부분을 무작위로 조사하는 방법을 사용할 수도 있다. 무작위 조사는 조사할 비율을 정해 놓고 주기적으로 실시해야 한다. 실물 재고에 대한 조사 수량과 CMMS의 재고 정보가 차이가 날 경우 CMMS의 재고 정보를 수정하여 항상 현재 재고 수량을 나타낼 수 있도록 해놓아야 한다.

또한 무작위 조사의 경우 창고 재고 중 일부분만 조사되기 때문에 CMMS에는 조사한 실사 수량이 몇 개인지를 입력할 수 있도록 해두어야 한다.

4.5.2 수리 자재의 재구매

수리 자재가 창고에서 출고되어 사용되어 창고에 있는 재고가 일정 수준 이하로 떨어진 경우에는 부족한 자재를 다시 구매해야 한다. 구매를 위한 발주는 발주서로 처리되며 납기가 중요하다. 발주한 자재가 납기 내에 입고되었는지를 확인하여 적절한 조치를 취해야 하기 때문이다. 일반적인 발주서 등록 화면은 [그림 5]와 같다.

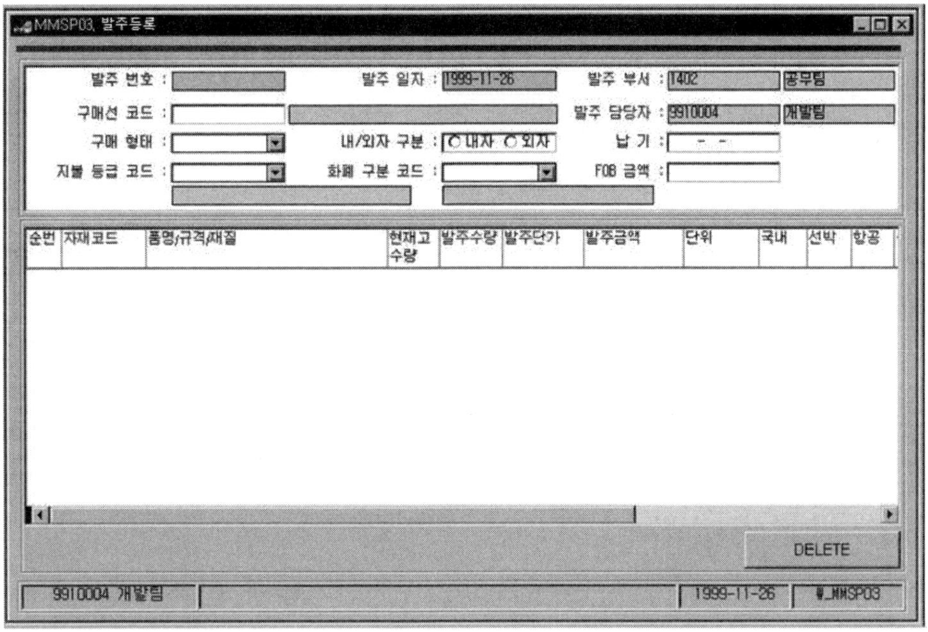

[그림 5] 발주 등록 화면

4.5.2.1 발주서

발주서가 등록되면 발주 내역은 발주 백로그에 추가된다. 발주 백로그를 조회함으로 발주 내역을 확인해 볼 수 있다. 발주 내역에는 납기와 수량 정보가 있어 업무 처리에 필요한 여러 가지 관련 정보들을 검색하고 확인하는 데 이용된다.

발주품이 입고되면 시스템에 입고 내역을 입력하여 미입고된 발주 내역을 확인해야 한다. 발주서는 발주 내역이 모두 입고되기까지는 마감 처리를 할 수 없다.

4.5.2.2 발주서의 갱신

발주서가 등록된 후에 발주 내역에 대한 변경 사항이 발생되면 발주서를 갱신해야 한다. [그림 6]은 일반적인 발주 내역 수정 화면이다.

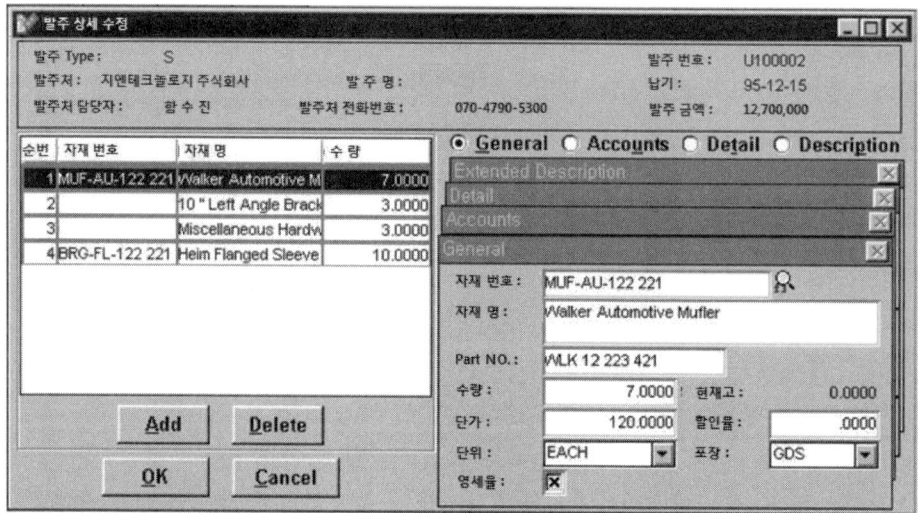

[그림 6] 발주 내역 수정 화면

4.5.2.3 입고 전표

발주된 자재가 입고되면 입고 전표를 시스템에 입력하여 창고 재고 수량에 입고 수량을 더해서 현 재고 수량을 수정한다. 또한 입고에 따른 관련 정보도 입고 전표 입력을 통해서 시스템에 입력하게 된다. 입고 전표에는 다음과 같은 정보가 포함되어 있다.

- 입고 수량
- 미 입고 내역
- 저장 위치

입고 전표 처리를 통해 수리 자재를 창고에 보관해야 하며 빈번한 입고의 경우에도 빠짐 없이 입고 전표를 처리하여 창고 재고 정보가 실물과 차이나지 않게 관리해야 한다.

4.5.2.4 입고 반품

입고 시 수입 검사를 통해 불량품이나 잘못 입고된 자재는 발주처에 반품하게 되며 반품 시 시스템에 반품에 대한 정보를 입력하여 반품 처리해야 한다. 반품 내역은 구매 대금 지급 시 정산되어야 하기 때문에 중요하게 관리되어야 한다.

4.6 예방 보전

4.6.1 예방 보전 정보의 등록과 갱신

설비에 대해 예방 보전을 실시하기로 정해지면 예방 보전 방법을 시스템에 등록해야 한다. 예방 보전 방법에서 가장 중요한 것은 예방 보전 주기이다. 예방 보전 주기는 TBM(Time Based Maintenance)으로 할지 UBM(Usage Based Maintenance)으로 할지를 선택할 수 있어야 한다. TBM은 설비의 가동과 무관하게 일정 시간이 경과하면 예방 보전을 수행하는 것이고 UBM은 예들 들면 프레스는 타발 수, 차량의 경우 주행 거리 등과 같이 설비의 사용량을 주기로 예방 보전을 수행하는 것을 말한다.

예방 보전 방법에는 예방 보전 주기 이외에도 투입 인력이나 소요 자재, 작업 방법들에 대해서도 사전에 정의하여 시스템에 등록해야 한다. 이렇게 예방 보전을 수행하기에 충분한 정보를 사전에 등록하였다가 필요할 때 작업자에게 제공함으로써 작업자가 작업을 수행하는 데 어려움이 없도록 해야 한다.

예방 보전 업무는 매일, 매주, 매월, 분기별, 반년, 매년 마다 일정 계획이 수립될 수 있어야 한다. 또한 해당 예방 보전을 완료할 시간에 대해서도 계획이 수립되어 있어야 한다.

예방 보전에 대한 작업 지시서에는 세부적인 작업 방법, 기술 정보, 작업 진척 내용 및 기타 관리 사항 등의 정보가 제공되거나 입력할 수 있어야 한다.

4.6.1.1 설비 사용량의 갱신

UBM으로 정의된 예방 보전을 수행하기 위해서는 설비의 사용량을 주기적으로 갱신해야 한다. 설비 사용량의 갱신은 사용량을 조사해서 입력하는 방식이나 설비와의 인터페이스를 통해 자동으로 설비 사용량을 갱신하는 방법이 사용된다. 예방 보전 모듈에서는 평균 설비 사용량을 구해 예방 보전이 수행되어야 할 일자를 예측하고 이를 기준으로 예방 보전 작업 지시서를 생성시킨다.

4.6.1.2 예지 보전

예방 보전의 좀 더 발전된 형태로 예지 보전이 있다. 예지 보전이란 설비의 운전 조건 값들을 감시하다가 감시 값이 기준치를 벗어나는 경우 설비를 점검하여 이상 부위를 찾아내 고장 발생 전에 문제를 해결하는 방법이다. 설비의 운전 조건 값이란 진동, 온도, 압력, 전류, 전압, 화학적 수치 등을 말한다. 이러한 값들을 설비와의 인터페이스를 통해 감시하다가 설정 기준 값을 벗어나는 경우 자동적으로 예방 점검 작업 지시서를 생성하고 점검 부위와 측정값을 작업자에게 제공하여 이상 부위를 효과적으로 발견할 수 있도록 해준다.

4.7 보전 관리 보고서

CMMS에 대한 관리자의 이해가 중요하지만 관리자들은 대부분 시스템을 사용하지 않는다. 그러므로 여러 가지 형태의 다양한 관리 보고서를 통하여 관리자들에게 보전 작업 효율과 생산성을 높이는 데 필요한 정보를 제공하는 것은 매우 중요한 일이다.

4.7.1 작업 지시 우선순위 분석

이 보고서는 기간 안에 완료된 작업을 작업 종류와 우선순위 별로 목록을 만들어 제공한다. 완료된 작업에 대한 우선순위 관리를 통해 긴급한 작업이 우선적으로 처리되었는지를 확인할 수 있다.

4.7.2 계획 수립 효율

이 보고서는 계획 수립에 대한 효율을 관리하는 데 사용된다. 등록된 작업 지시서 대비 계획된 작업 지시서의 비율이나 수립된 작업 일정과 실제 작업 일정의 비교 목록 등을 제공한다.

4.7.3 인력 별 작업 효율

이 보고서는 계획된 인력 투입 시간과 실제 작업에 투입 시간을 비교해서 보여 주어 작업 인력에 대한 효율성을 평가한다.

4.7.4 직능 별 작업 효율

이 보고서는 계획된 직능 별 투입 시간과 실제 작업에 투입된 직능 별 시간을 비교하여 보여 준다. 이 보고서를 이용하여 각 직능 별 효율성을 관리하고 작업량 평준화 분석에 사용된다.

4.7.5 작업 비용

이 보고서는 작업에 들어간 인건비, 자재비 등의 비용을 집계하여 보여 준다. 작업 종류 별, 설비 종류 별, 우선순위 별 등의 다양한 목록을 통하여 보전 비용 절감을 위한 분석 작업에 이용된다.

4.7.6 작업 완료 현황

선택한 기간에 완료된 개별 작업에 대한 정보를 취합하여 계획 대비 실적을 비교하여 보여 주며 다음과 같은 항목에 대해 계획된 수치와 실행된 수치들을 비교 분석한다.

- 인력 투입 시간
- 직능 별 인력 투입 시간
- 사용 자재
- 보전 비용

4.7.7 작업 백로그 현황

이 보고서는 작업이 완료되지 않아 작업 백로그에 남아 있는 모든 작업 지시서들에 대한 목록을 제공한다. 작업 백로그는 각 작업 단계 별로 우선순위에 따라 분류된다. 이렇게 우선순위에 따라 분류한 작업 백로그 목록은 일정 수립 시 매우 요긴하게 사용된다. 또한 작업 백로그 목록에 있는 작업 지시서의 개수에 따라 작업 부하가 많은지 적은지를 예측할 수 있다.

4.7.8 설비 이력

이 보고서는 설비에 대한 고장과 수리에 대한 이력을 보여 주어 설비에 대한 취약 부위나 문제점 분석에 사용한다.

4.7.9 설비 별 보전 비용

이 보고서는 설비 별 보전 비용 목록을 제공한다. 보전 비용은 다음과 같은 두 가지 형태로 집계하여 보여주게 된다.

- 과거 12개월 간 보전 비용
- 당월 보전 비용

또한 목록에서 특정 설비를 선택하면 선택된 설비에 대해 보전 비용에 대한 상세 이력도 조회해 볼 수 있다.

4.7.10 예산 초과 비용

이 보고서는 월 보전 예산을 초과하거나 예산 없이 집행된 모든 보전 비용에 대한 정보를 제공한다. 이 보고서도 당월뿐만 아니라 과거 12개월 동안 집계된 예산 초과 비용에 대한 정보도 같이 제공한다. 이 초과 비용을 분석하여 차기에 적용할 예산 표준안을 만들어 낼 수 있다.

4.7.11 안전 작업

이 보고서는 작업 백로그에 등록되어 있는 작업 중에 전압 확인, 가스 누출 점검 등과 같은 안전 작업에 대한 별도 목록을 만들어 제공한다. 보고서는 작업 영역, 계획 수립일, 완료 일자 별로 분류되고 정리된다. 이를 통하여 안전 작업이 평상시와 같이 정상적으로 수행되고 있는지 확인할 수 있다.

4.7.12 수리 자재 사용 현황

이 보고서는 수리 자재가 당월 등 주어진 기간 동안에 사용된 내역 정보를 상세하게 제공해 준다. 주어진 기간 중에 사용한 수량과 비용이 일자 별로 집계되어 보여주게 되며 사용 근거에 대한 정보 유무를 확인하여 누락된 정보에 대해 추가로 입력할 수 있게 해준다.

4.7.13 작업 대기 현황

이 보고서는 일정 계획을 수립할 준비가 안된 작업들에 대한 목록을 제공한다. 또한 자재 결품, 작업자 미배정들과 같이 일정 계획이 수립되지 않은 사유 별로도 정리하여 보여 주어 작업 대기 상태에 있는 작업들에 대해 적절한 조치를 취하게 함으로 작업이 지연되지 않고 수행될 수 있도록 해준다.

4.7.14 예방 보전 미수행 현황

이 보고서는 수립된 작업 일정이 지났으나 완료되지 못한 예방 보전 작업에 대한 목록을 제공한다. 이것은 다음 예방 보전 작업 일정을 고려하도록 하여 설비에 불필요한 손실이 가지 않도록 하는 데 도움을 준다.

4.7.15 보고서 작성기

시스템에서 제공하는 보고서 이외에 일시적으로 필요에 의해 작성해야 하는 보고서들이 있다. 이럴 경우에는 Report Designer와 같은 보고서 작성기를 이용하게 된다. 보고서 작성기는 대부분 CMMS와 같이 공급된다. [그림 7]은 보고서 작성기 화면인데, 특정 설비에 대해 작업자와 고장에 대한 조건을 주어 작업 지시서를 집계하는 예를 보여주고 있다.

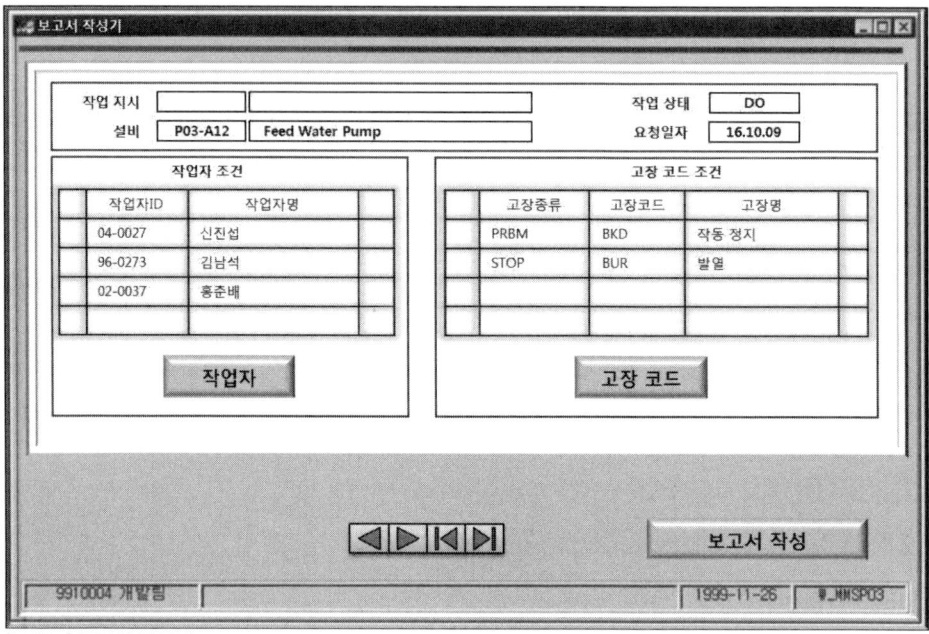

[그림 7] 보고서 작성기

5. CMMS 패키지 선택

CMMS에 대해 어느 정도 이해를 하게 되어 CMMS의 효과를 알게 되면 CMMS를 도입해야 한다는 생각을 하게 된다. 그러면 CMMS를 도입하려면 어떻게 해야 하나? CMMS를 성공적으로 도입하려면 다음과 같은 세 단계의 과정을 거쳐야 한다.

① 분석
② 선택
③ 구현

5.1 분석

효율적인 계획을 수립하고 보전 업무를 잘 관리하려면 설비 보전 관리에 많은 노력을 기울여야 한다. 보전 관리자들은 조직원들을 관리하는 데 필요한 모든 기록들이 잘 보전되고 있는지 확인하고 예방 보전을 포함하여 모든 보전 작업들에 대한 계획이 정상적으로 수립되고 작업이 수행되는지도 확인해야 한다.

그러나 최근에는 설비가 복잡해지고 그 규모가 거대해졌고 이에 따라 보전 조직원의 수도 증가하였기 때문에 과거와 같은 관리 방법으로는 제대로 관리할 수 없게 되었다. 관리자나 조직원의 수를 늘리는 것은 임시적인 해결책일 뿐이며 문제들은 여전할 것이다. CMMS는 이러한 관리 문제를 관리자가 쉽게 관리할 수 있도록 해 줄 수 있다. 그러면 CMMS가 필요하다는 결정은 어떻게 할 수 있는가?

CMMS가 필요한지를 결정하기 위해서는 현재의 보전 시스템을 조사하는 것부터 시작해야 한다. 다음과 같은 질문들을 고려하여 현 보전 시스템에 대한 조사를 해야 한다.

① 설비 보전 비용의 증가가 설비 운영 비용의 증가보다 더 큰가?
② 현재 보전 작업 시간이 5년 전에 비해 얼마나 더 증가하였는가?

③ 설비 보전에 사용된 수리 자재 비용은 얼마나 되는가?
④ 작업자들이 작업 대기하는 시간은 얼마나 되는가?
⑤ 수리 자재 창고에 한번도 사용되지 않은 자재가 얼마나 되는가?
⑥ 설비가 아무런 징후 없이 고장 나는 것 같은가?
⑦ 장기 보전 전략을 수립하기 위해 필요한 정보에 접근할 수 있는가?
⑧ 모든 보전 정보가 손쉽게 이용할 수 있는 형태로 되어 있는가?

상기와 같은 질문에 대해 문제점이 인지되었다면 CMMS를 도입하는 것이 현명하다. 그러나 현재 보전 시스템에 대해 별 문제점 없이 만족한다 하더라도 CMMS를 통해 보전 활동 속도를 올릴 수 있음도 고려해야 한다. CMMS의 도입을 통해 추가로 조직원을 늘릴 필요가 없게 되며 도리어 현재의 생산성이 증가될 것이다. 또한 보전 정보에 접근하고 활용하는 데 드는 시간이 절감되기도 할 것이다.

CMMS 도입을 시작하려면 현재의 보전 관리 조직에 대해서도 충분히 이해해야 한다. 이를 통해 기업의 효율성을 높이고 개선할 곳을 결정할 수 있다. 기업이 어떻게 5년이나 10년 내에 효율적으로 될 것인지를 고려해야 한다.

보전 시스템과 보전 조직에 대한 조사가 어느 정도 완료되면 회계적으로 문제 영역들이 어떻게 처리되어 있는지를 살펴보아야 한다. 현재 보전 관리 수준에 대해 가장 정확하게 수치적으로 표현해 주는 것이 회계 기록이기 때문이다.

5.2 시스템 선택

CMMS를 도입하기로 결정이 됐으면 CMMS 도입 위원회를 만드는 것이 바람직하다. 위원회는 보전 엔지니어, 정비 기술자, 자재, 회계, IT 부서의 관계자들로 구성한다. 위원회는 다음과 같은 일을 추진한다.

- 현재의 정보 시스템과 문서 작업에 대한 검토
- 작업 지시, 수리 자재 창고 관리, 예방 보전, 보전 비용 관리, 관리 보고서 등에 대한 시스템 목표 설정
- CMMS가 운영될 컴퓨터 시스템에 대한 하드웨어 사양 확인(만일 소프트웨어뿐만 아니라 하드웨어까지 구매할 예정이라면 CMMS 패키지를 선택할 때까지는 하드웨어에 대한 결정을 미루어야 한다.)
- CMMS 도입 목표에 맞는 패키지들에 대한 비교 평가(자체적으로 CMMS를 개발하려고 할 때는 매우 신중하게 생각해야 한다. CMMS 개발은 시간이 많이 걸리고 비용이 많이 드는 큰 프로젝트이기 때문이다.)
- CMMS 패키지 개발 업체 및 판매 업체에 대한 평가. 판매 업체에 대한 평가는 패키지에 대한 시연을 직접 보면서 해야 한다. 경우에 따라 데모 버전을 설치하고 판매 업체의 지원에 따라 시범 운영을 해보며 평가할 수도 있다. 판매 업체에 대한 평가에는 업체 소개서, 고객사 현황과 고객사의 평가, 판매 업체의 지원 내용 등이 포함된다.
- 각 패키지에 대한 견적 비교

위원회에서는 이러한 정보들을 취합하여 패키지에 대한 검토 보고서를 작성하여 담당 관리자에게 제출해야 한다. 이 보고서에는 적합한 패키지를 선택하는 데 필요한 모든 정보가 취합되어 있을 것이다. 위원회는 검토한 패키지에 대한 평가 내용과 함께 추천 패키지에 대해서도 언급해야 한다.

다음의 CMMS 패키지 평가용 체크 시트를 사용하여 패키지를 객관적으로 평가하면 CMMS 패키지를 선정하는 데 많은 도움이 될 것이다.

CMMS Check Sheet

- 각 항목은 우수 3점, 양호 2점, 미흡 1점, 열등 0점으로 평가함

Part 1 : 설비 정보

1. 설비 정보에 원가 부서, 담당 부서, 설치 위치 등 세부 관리 항목이 포함되어 있는가?
2. 설비 BOM을 구성할 수 있고 BOM의 레벨 별로 보전 비용과 작업 정보가 관리되는가?
3. 작업이 완료되면 작업 지시서 내용이 설비 이력에 추가되며 갱신되는가?
4. 설비 이력 정보를 각 항목 별로 정렬해서 다양한 형태로 볼 수 있는가?
5. 설비 별로 사용되는 자재 목록이 관리되는가?
6. 사용자가 정의하는 별도의 설비 정보 항목을 시스템에 손쉽게 반영할 수 있는가?

Part 2 : 예방 보전

1. PM 주기 설정 방식을 다양하게 지원하는가?

    ① 일자에 의한 PM(TBM)

    ② 설비 사용량에 따른 PM(UMM)

    ③ 설비 운전 조건 값에 따른 예지 보전

    ④ 상기 방식들을 조합함

2. 설비 별 등록할 수 있는 PM 개수에 제한이 없는가?
3. PM에 대한 충분한 정보가 제공되는가?

    ① 1 줄

    ② 여러 줄

    ③ 1 페이지

    ④ 무제한

4. 모든 PM에 대해 복수의 직능 투입을 설계할 수 있는가?

5. PM 일정 수립 방식을 다양하게 지원하는가?

　① 고정 주기 방식

　② 작업 완료일 기준 방식

　③ 설비나 타 시스템 인터페이스 방식

　④ 수작업 방식

　⑤ 상기 방식들을 조합함

6. 월 중 특정 일자나 요일을 지정하지 않고 주중 임의의 날에 PM 일정 계획 수립할 수 있는 기능이 있는가?

7. PM 작업에 필요한 보전 자원 사용 예약 기능이 있는가?

　① 작업자 투입 예약

　② 자재 사용 예약

　③ 특수 공구 사용 예약

8. 기계 장치 이외에 시설물에 대한 PM 설정 기능이 있는가?

9. 한 설비의 여러 부분에 대한 복수의 PM들을 통합하는 기능이 있는가?

　① 자동 통합

　② 수동 통합

　③ 지원 안 함

10. PM 작업 지시서를 다양한 주기로 생성할 수 있는가?

　① 매일

　② 매주

　③ 매월

　④ 사용자가 지정

　⑤ 기타

11. PM 수행 절차를 생성하지 않고도 수행 작업 목록에 들어갈 절차 코드를 생성할 수 있는가?

12. PM과 관련한 다양한 보고서가 제공되는가?

   ① PM 작업 지연으로 인한 손실 현황

   ② 미완료 PM 현황

   ③ PM 점검 결과 보고서

Part 3 : 작업 지시

1. 개별 작업 지시서 수준에서 다양한 정보가 추적되는가?

   ① 투입 인력 계획

   ② 실 투입 인력

   ③ 소요 자재 계획

   ④ 실 소요 자재

   ⑤ 공구 사용 계획

   ⑥ 실 공구 사용 현황

   ⑦ 외주 현황

   ⑧ 안전 수칙

2. 모든 작업 지시에 대해 현재 작업 상태에 대한 작업 진행 상태 별 보고서가 제공되는가?(자재 대기, 외주 대기, 일정 수립, 작업 중 등)

3. 작업 백로그가 다양한 방법에 의해 추적되는가?

   ① 직능 별

   ② 작업자 별

   ③ 부서 별

④ 계획 담당 별

⑤ 관리자 별

⑥ 사용자 정의 별

4. 설비 이력을 통해서 작업 지시서를 조회할 수 있으며 조회된 작업 지시서의 내역을 새로운 작업 지시서의 계획 영역으로 복사하여 작업 계획을 수립하는 기능이 있는가?

5. 보증 기간 내에 있는 설비의 작업 지시서에는 보증 기간 중임을 알리는 표시를 하여 작업자에게 주의를 주는가?

6. 작업 지시서의 상태를 자동이나 수동으로 갱신할 수 있는가?

7. 우선순위를 결정하는 시스템을 사용하고 있는가?

① 생산 우선

② 보전 우선

③ 생산과 보전 둘 다 고려

④ 시간이 오래된 것 우선

8. 작업 지시 번호는 자동이나 수동으로 부여되고 있는가?

9. 작업에 대한 계획 수립 화면에서 재고 현황, 인력 현황, 외주 현황 등 계획에 필요한 각종 정보를 조회할 수 있는가?

10. 작업 지시서를 다양한 주기에 따라 생성할 수 있는가?

① 매일

② 매주

③ 매월

④ 부 정기적

11. 작업에 대한 일정 계획 수립이 다양한 방법으로 가능한가?

① 작업 백로그에 있는 모든 작업에 대한 일정 계획 수립

② 작업 백로그에 있는 모든 작업에 대한 직능 별, 작업자 별 일정 계획 수립

③ 우선순위에 따른 일정 계획 수립

④ 작업 완료 요청 일자에 따른 일정 계획 수립

⑤ 주간 가용 인력과 작업 부하를 고려하여 일정 계획 수립

⑥ 일일 가용 인력과 작업 부하를 고려하여 일정 계획 수립

Part 4 : 수리 자재와 구매

1. 수리 자재 재고가 안전 재고 이하로 떨어진 수리 자재에 대한 목록이 제공되는가?
2. 다양한 방법으로 재고 금액을 평가할 수 있는가?

    ① 이동 평균

    ② FIFO(선입 선출)

    ③ LIFO(후입 선출)

    ④ 기타

3. 수리 자재에 대한 창고 내 위치 관리가 되는가?
4. 수리 자재의 각 위치 별 현 재고를 알 수 있는가?
5. 여러 개의 창고를 관리할 수 있는가?
6. 창고 간 이동이 쉽게 관리되는가?
7. 자재 관리 시스템이 공급 업체의 구매 시스템과 연결되어 있는가?
8. 재발주 시점이 되면 발주서가 생성되는가?

    ① 자동 발주

    ② 수동 발주

    ③ 일부 자동, 일부 수동 발주

9. 수리 자재에 대한 단가 관리가 되는가?

10. 각각의 수리 자재 별로 복수의 공급 업체가 관리되는가?

    ① 자재 당 1개의 공급 업체

    ② 자재 당 복수의 공급 업체

    ③ 자재 당 공급 업체 수 제한 없음

11. 작업에 필요한 자재가 입고되면 해당 작업 담당자에게 입고 내역이 통보되는가?

    ① 자동으로 통보

    ② 수동으로 통보

    ③ 통보가 어려움

12. 수리 자재 현황이 다양하게 제공되는가?

    ① 기간이 지난 발주서 현황

    ② 장기간 재구매 없이 재고로 남아 있는 자재 현황

    ③ 재고 금액

13. 수리 자재 별로 작업에 사용된 자재 비용을 추적할 수 있는가?

14. 자재 목록을 다양한 형태로 출력할 수 있는가?

    ① 자재 번호 별

    ② 자재 명칭 별

    ③ 자재 번호나 자재 명칭 구간 별

Part 5 : 관리 보고서

1. 정기적으로 출력해야 하는 보고서들은 적절하게 구성되어 있는가?

    ① 일일 보고서

    ② 주간 보고서

    ③ 월간 보고서

④ 년간 보고서

⑤ 사용자가 정한 기간 별 보고서

2. 보고서를 다양한 형식으로 출력 가능한가?

   ① 목록 형식

   ② 요약 보고서 형식

   ③ 특수 형식

3. 기본적으로 제공되는 보고서들은 관리 업무에 충분한가?

   ① 패키지에서 미리 정의된 보고서

   ② 사용자가 기본적으로 요구한 보고서

4. 다양한 방식으로 보고서 출력이 가능한가?

   ① 프린터로 인쇄

   ② 모니터에 출력

   ③ 파일로 저장

   ④ 다른 시스템으로 전송

5. 특별한 분석을 위하여 설비 이력 정보를 사용자가 원하는 다양한 조건으로 정렬하여 보고서를 만들 수 있는가?

6. 기본적으로 제공되는 표준 보고서 이외에 사용자가 보고서를 만들 수 있는 보고서 작성기가 제공되는가?

7. 다양한 사용자가 사용할 수 있도록 보고서 작성기가 설계되어 있는가?

   ① 시스템 관리자

   ② 보전 관리자

   ③ 보전 작업자

8. 보전 예산 보고서가 있는가?

9. 설비 고장 시간 예상 보고서가 있는가?

10. 설비 고장 비용 추적 보고서가 있는가?

11. 코드의 일부분만으로도 정보를 검색하여 보고서를 만들 수 있는가?

Part 6 : 시스템 구축

1. 시스템 구축 전 과정에 걸쳐 시스템 공급 업체의 업무 수행 계획은 적절한가?

    ① 완전 턴키(Turn-Key) 방식 구축

    ② 소프트웨어 구축

    ③ 하드웨어 설치

    ④ 데이터 수집

    ⑤ 데이터 로딩

    ⑥ 시스템 교육

    ⑦ 사용자 교육

2. 공급 업체는 시스템 설치 계획서를 가지고 있는가?

3. 공급 업체는 최소 10개 업체 이상에 시스템을 설치한 경험이 있는가?

4. 공급 업체에는 시스템 구축에 필요한 기술 인력을 충분히 보유하고 있는가?

    ① 소프트웨어 전문가

    ② 보전 전문가

    ③ 교육 훈련 전문가

5. 시스템은 완성도와 확장성을 충분히 가지고 있는가?

    ① 기본적인 표준 시스템

    ② 커스터마이징(Customizing)

    ③ 확장 시스템

6. 소프트웨어 설치는 내부 인력이 할 수 있는가?

　① 내부 인력으로 가능

　② 공급 업체에서 무상 설치

　③ 공급 업체에서 유상 설치

Part 7 : 소프트웨어 분석

1. 보전 부서 인력만으로도 운영이 가능한가?
2. 시스템 사용 방법은 적절한가?

　① 메뉴 방식

　② 명령어 방식

　③ 메뉴와 명령어 방식 혼합

3. 시스템에는 필요한 모듈들이 다 있는가?(예: PM, 설비, 작업 지시, 자재 등)
4. 사용자 환경은 적절한가?

　① 단일 사용자 환경

　② 멀티 유저 환경

5. 시스템 개발 툴은 최신 기술인가?

　① JAVA 기반

　② .net 기반

　③ RDBMS(MS-SQL, Oracle)

6. 시스템의 각 모듈은 통합되어 있는가?(정보가 변경되면 한번에 관련 파일이나 테이블이 갱신되는가?)
7. 정보 파일들이 장기간에 걸쳐 잘 보관되어 있어 수 년간의 보고서 작성에도 문제가 없는가?

8. 시스템에 적절한 보안 체계가 갖추어져 있는가?

    ① 메뉴 수준의 보안

    ② 화면 수준의 보안

    ③ 파일 수준 보안

    ④ 보안 설정 메뉴

9. 시스템을 운영하기에 충분한 하드웨어 사양이 제시되어 있는가?

    ① PC

    ② Server

    ③ Database

    ④ Network

10. 공급되는 소프트웨어는 출시된 지 충분한 시간이 지났는가?

    ① 1년 이하

    ② 1년에서 5년

    ③ 5년 이상

11. 공급되는 소프트웨어 버전은 최근에 릴리스되었나?

    ① 1년 미만

    ② 1년에서 3년

    ③ 3년 이상

12. 분석 정보가 그래픽으로 보여지는가?

13. 온라인 도움말 기능은 적절하게 제공되는가?

    ① 메뉴 수준 도움말

    ② 화면 수준 도움말

    ③ 항목 수준 도움말

14. 모든 입력 항목은 오 입력 방지가 되어 있는가?

   ① 모두 방지됨

   ② 반 이상 방지됨

   ③ 반 이하 방지됨

   ④ 전부 방지 안됨

15. 타 시스템과의 통합은 가능한가?

   ① 온라인 결제 시스템

   ② 회계 시스템

   ③ MRP 시스템

   ④ ERP 시스템

   ⑤ CIM 환경

16. 필드 입력 시 참조 테이블(Look Up Table)이 나타나 그중에서 원하는 값을 선택하면 자동으로 필드에 선택한 값을 입력 값으로 채워 주는 기능이 있는가?

Part 8 : 시스템 공급 업체

1. 공급 업체는 신뢰할 수 있는가?

   ① 20여개 이상의 사이트 보유

   ② 유사 업체 벤치마킹 제공

   ③ 2년 이상 사업 경험

   ④ 참조 사이트와 시장 평가

2. 공급 업체는 충분한 지원 인력을 확보하고 있는가?

   ① 프로그래밍 지원 인력

   ② 유지보수 지원 인력

③ 사용자 지원 인력

3. 공급 업체는 사업의 영속성 유지를 위하여 노력하고 있는가?

   ① 제품 계획 수립

   ② 제품에 대한 유지보수 프로그래머 확보

   ③ 사용자 그룹 운영

4. 공급 업체 인력과 내부 조직의 팀워크는 좋은가?

5. 공급 업체의 재정 상태는 양호한가?

6. 지난 12개월 간 시스템 구축 실적은 어떠한가?

   ① 10개 미만

   ② 10~20개

   ③ 20~30개

   ④ 30~50개

   ⑤ 50개 이상

7. 사용자에 대한 지원 시스템을 갖추고 있는가?

   ① 전화 상담

   ② 메신저 상담

   ③ 상담 가능 시간(24시간 또는 업무 시간 중)

8. 소프트웨어에 대한 무상 보증 기간은 적절한가?

   ① 30일

   ② 90일

   ③ 6개월

   ④ 1년 이상

5.3 선택의 팁

시장에는 많은 패키지들이 나와 있지만 적합한 패키지를 선택하기 위해서는 다음과 같은 몇 가지 점을 유의해야 한다.

TIP 1 : "자신들이" 직접 만든 소프트웨어를 공급하는 컨설팅 회사들을 상대할 때 주의해야 한다.

많은 컨설팅 회사들이 자신들의 컨설팅 서비스를 소프트웨어에 덧붙여 팔고 있기 때문에 주의해야 한다. 구입하려는 소프트웨어와 서비스 범위를 필요에 맞게 명확히 하여 필요치 않은 소프트웨어나 서비스를 구입하지 않도록 해야 한다. 대부분의 컨설팅 회사들은 소프트웨어를 팔면서 여러 달 걸리는 서비스를 부담시키므로 이러한 불필요한 서비스 때문에 시스템 도입 가격이 늘어나게 될 것이다.

TIP 2 : 소프트웨어를 사내용으로 쓰기 위해서 개발한 공급 업체를 상대할 때 주의해야 한다.

일반적으로 이런 업체들은 보전 조직을 자기들의 소프트웨어에 맞추려 하기 때문이다. 조직을 바꾸는데도 비용이 든다는 것을 명심해야 한다. 또한 이들 업체들은 그 동안 들어간 제품 개발 비용을 보상받으려 하기 때문에 지원도 최소화하려 해서 시스템을 설치하는 동안 관리하고 컨설팅해 줄 충분한 인원도 보내주지 않을 것이다. 더 큰 문제는 시스템 개발에 들인 비용을 보상받게 되면 더 이상 제품을 판매하려고 애쓰지 않을지도 모른다는 것이다. 그래서 해당 시스템을 구매하기 전에 CMMS에 관한 공급 업체의 장기 계획들을 확인해야 한다.

TIP 3 : 현재 수작업으로 하는 업무 그대로를 시스템으로 개발하려고 하지 말아야 한다.

필요한 서류 작업을 준비해서 공급 업체 담당자에게 하고 있는 일과 기업의 보전 정책을 이해시키도록 해야 한다. 공급 업체는 현재 수작업 업무를 그대로 전산화한다고 하면 효율성을 증가시키는 어떠한 업무 개선도 하지 않을 것이다.

TIP 4 : 사용자와 함께 성장할 시스템을 선택해야 한다.

공장의 규모가 작아 처음 CMMS를 시작할 때는 소규모용 CMMS로 만족할 수 있으나 공장 규모가 커지게 되면 대규모 공장 관리에 적합한 CMMS가 필요하게 된다. 다행히 공급 업체도 같이 발전하여 대규모 공장용 CMMS도 개발하였다면 시스템의 확장에 어려움이 없을 것이다. 또한 같은 공급 업체의 제품으로 업그레이드하는 경우 비용 면에서도 유리하다는 점을 잊지 말아야 한다.

TIP 5 : 장기간 필요한 것이 아니라면 시스템을 사내용으로 개발하면 안 된다.

대부분의 사내용 시스템들은 개발 후 사용하면서 많은 변화가 있게 된다. 따라서 필요에 맞는 시스템을 구입하는 게 비용이 더 적게 든다. 필요한 시스템을 구입할 수 없을 때만 사내용 개발을 검토해야 할 것이다.

TIP 6 : 하드웨어를 선택한 후 소프트웨어를 선택하면 안 된다.

하드웨어가 먼저 선택된다면 소프트웨어 선택이 제한된다. 최선의 선택은 소프트웨어를 먼저 선택한 후에 거기에 맞는 하드웨어를 선택하는 것이다.

TIP 7 : 전체 패키지에 대한 가격 뿐만 아니라 소프트웨어도 따로 가격을 확인해야 한다.

많은 공급 업체들은 소프트웨어에 추가 비용을 덧붙이면서도 추가된 부분에 대해 상세하게 견적을 내지 않는 경우가 있다. 따라서 지금 구입하고 있는 것이 어떤 것이며 또 얼마나 많은 서비스가 포함되어 있는지를 확인해야 할 것이다.

TIP 8 : 공급 업체에 대한 고객의 평판을 철저히 확인해야 한다.

구입하고자 하는 시스템을 평가하기 위해서는 현재 구입하려는 시스템을 운용 중인 사이트를 둘러보는 것보다 더 좋은 방법은 없다. 이를 통해서 고객의 제품 만족도를 알아볼 수 있다. 최소한 세 곳 이상의 사이트를 확인하는 것이 시스템 평가에 좋을 것이다.

TIP 9 : 유지보수 계약과 라이선스 계약의 차이를 이해해야 한다.

유지보수 계약과 함께 옵션으로 패키지를 판매하는 경우가 있다. 이러한 계약은 제품을 구입한 일년 동안만 제품에 대한 업그레이드와 소프트웨어의 지원을 해주는 것이기 때문에 가격이 저렴한 것처럼 보인다. 이러한 계약을 통해 패키지를 구매하여 지원을 제대로 받지 못하면 안 된다. 라이선스 계약의 경우 별도의 옵션이 없거나 해마다 라이선스 대금을 지급해야 하는 경우도 있다. 그러므로 구매하려는 패키지에 대한 계약 사항을 사전에 잘 검토하고 이해하고 있어야 예기치 못한 비용들이 발생되지 않을 것이다.

6. CMMS 도입의 정당화

CMMS 구매 시 관리적인 측면에서 시스템 도입이 정당한지를 검토하게 된다. 아래에 나오는 비용에 대한 검토 내용은 시스템 도입의 정당성을 설명하는 데 도움이 될 것이다.

6.1 보전 비용 절감에 따른 효과

설비 보전은 기업의 기본적인 기능 중 하나이나 대다수의 사람들은 이에 대해 제대로 이해하고 있지 못하다. 그럼에도 불구하고 너무 많은 사람들이 자신들은 설비 보전 기능을 알고 있다고 생각한다. 이는 보전 부서의 조직이나 보전 작업을 수행하기 위해 사용되는 많은 다른 방법들에서 분명하게 나타난다. 대부분의 기업 경영진이 관심을 갖는 것은 설비 운용이나 제조 과정일 뿐이며 설비 보전과 같은 좀 더 기술적인 영역은 소홀히 하거나 또는 부차적인 상태로 별 관심을 갖지 않고 있다. 다시 말해 설비 보전은 지금껏 하나의 필요악으로 설비의 생애 동안 비용을 지불하면서도 돌아오는 것은 없는 보험 수단처럼 생각되어 왔다.

경쟁력을 갖추기 위해 관리자들은 업무를 개선하고 비용을 절감할 수 있는 곳을 찾아 다닌다. 설비 보전에 대한 연구 결과에 따르면 보전 비용은 제품 비용의 15~40% 정도를 차지하고 있다. 따라서 보전 비용의 절감은 그대로 제조 원가 절감을 의미하는 것이다. 대부분의 제조 회사들이 갖는 평균적인 이익률을 적용해 보면 보전 비용에서 1백만원을 절감하는 것은 매출이 3백만원 증가하는 것과 같은 효과가 있다는 것이다. 즉 이익 면에서 보면 보전 비용 절감액의 약 3배에 달하는 금액만큼 매출이 증가하는 것과 같다고 볼 수 있다. 시장에서 전쟁과 같은 치열한 경쟁을 하고 있는 기업에서 매출을 획기적으로 늘릴 수 없다면 보전 비용 절감을 통해 매출 증대 효과를 볼 수 있다는 점을 매우 중요하게 생각해야 할 것이다.

뒤의 7~8절에서 검토하는 내용들은 개선된 보전 전략을 마련하고 CMMS를 도입함으로써 얻을 수 있는 보전 비용 절감에 대한 것들이다. 이러한 검토의 목적은 회사 전체 비용에 미치는 보전 관리의 중요성을 보여주기 위함이며 검토 내용을 분석하여 상황에 맞춰 보전 비용 항목들을 추가하거나 삭제하여 조정하면 보전 비용 관리에 사용할 수 있을 것이다.

7. CMMS 도입 효과 금액 산출

CMMS 도입의 효과로 나타나는 기업의 비용 절약 가능 금액에 대해 다음과 같은 네 가지 영역을 검토해 본다.

- 보전 인건비 절감
- 수리 자재비 절감
- 프로젝트 성 보전 작업 관련 비용 절감
- 고장 손실 비용 절감

투입 인력 비용에 대해 검토하여 보면 대다수 기업의 보전 생산성 평균은 25~35% 수준이다. 다시 말하면 하루 8시간 중 3시간 정도 작업한다는 의미가 된다. 손실된 생산성의 대부분은 다음과 같은 이유 때문이다.

- 수리 자재 결품에 의한 지연
- 정보, 도면, 지시 등의 미비로 인한 지연
- 조업 중지될 때까지의 지연
- 임대 장비 투입 대기에 의한 지연
- 선행 작업 완료 대기에 의한 지연
- 비상 정비에 따른 지연

보존 업무에서 100%의 생산성이란 이뤄질 수 없는 목표이지만 생산성 60%는 달성 가능할 것이다.

보전 작업자의 생산성은 다음과 같은 기본적인 보전 관리 업무에 충실하면 개선될 수 있을 것이다.

- 사전에 작업 계획 수립
- 설비 가동 일정과 연동해서 작업 일정 수립

- 사용할 수리 자재 사전 준비
- 작업에 사용될 장비나 도구 사전 준비
- 비상 정비를 PM에 의하여 50% 이하로 감소시킴

CMMS의 도움으로 작업 계획에 드는 시간이 줄어들면 좀 더 많은 작업들을 계획할 수 있다. 이것을 통해 예방 보전 작업을 늘리면 긴급이나 고장 수리 작업이 줄어들게 된다. 예방 보전 작업이 많아진다는 것은 돌발 상황에 따른 보전 작업의 일정 변경이 줄어든다는 것을 의미하므로 작업 시간이 절감되어 생산성이 증가된다. CMMS를 성공적으로 사용하는 기업들은 평균적으로 28% 정도의 생산성이 향상되었다.

사용된 수리 자재 비용은 설비의 수리 빈도 및 규모와 관련되어 있다. 창고 운영 정책, 구매 정책, 재고 관리 정책들뿐만 아니라 수리 자재의 수도 전체 수리 자재 비용에 관여되어 있다. 어떤 기업들은 수리 자재에 대해 거의 관리하지 않기 때문에 재고가 필요 이상으로 20~30% 정도나 더 많다. 이로 인하여 재고 비용이 늘어나고 수리 자재에 불필요한 비용이 들어가게 된다. 이처럼 창고가 보전 부서의 필요를 채워주지 못하면 "해적" 창고 또는 만일을 위해 수리 자재를 저장하는 "불법적인" 창고가 되고 만다. 이런 현실 때문에 보전 자재 비용이 증가하기도 한다.

재고 관리가 정상적으로 되면 재고 수준을 낮출 수 있고 적정한 수준으로 재고를 줄이더라도 최소한 95% 이상의 서비스 수준을 유지할 수 있다. 즉 보전 부서는 생산 부서의 보전 요구에 충분히 대응하면서도 보전 생산성을 증가시킬 수 있게 된다. CMMS를 성공적으로 사용하는 기업들은 수리 자재 비용을 평균적으로 19% 낮췄으며 재고도 18% 줄일 수 있었다.

대부분의 프로젝트 성격의 작업은 설비 보전과 밀접한 관계가 있다. 이들 작업을 제대로 관리하지 못한다면 생산 능력에 중대한 타격을 줄 수 있는데 그 이유는 이들 작업이 보통은 설비의 가동을 중지시킨 상태에서 수행되기 때문이다. 설비의 가동이 중지되었다는 것은 생산도 중지되었다는 의미이며 반대로 이야기하면 프로젝트 성격의 작업에서 절감된 시간은 생산 시간으로 전환될 수 있다는 것이다.

CMMS를 통해 프로젝트와 관련된 작업에 대한 계획 수립과 작업 수행에 대해 개선을 할 수 있으며 이로 인해 작업 시간이 줄어들게 된다. CMMS를 통한 작업 시간의 절감은 프로젝트 관리 시스템을 사용하고 있어도 가능하다. 지금까지 CMMS를 성공적으로 사용한 기업들은 프로젝트 성격의 작업 시간을 평균적으로 5% 줄였다.

고장 손실 비용이란 보전 정책을 개선하기로 결심함으로 인하여 생긴 기회 비용이다. 설비의 고장으로 인한 손실 비용은 시간 당 수십 만원에서 시간 당 수천만 원까지 이른다. 대부분 공장 전체에는 여러 개의 생산 라인을 가지고 있으며 각 라인의 고장 시간으로 인한 하루 동안의 총 손실 비용은 수천만 원에 이를 수도 있다.

어떤 기업들에서는 고장 시간이 30여%까지 치솟는다. 이 때문에 판매 기회까지 상실되고 설비를 위한 불필요한 지출이 생겨나며 일반적으로 경쟁력을 약화시켜 기업의 지위를 떨어뜨린다. 좋은 보전 정책과 실천 사항들을 마련하고 이를 관리하는 도구로서의 CMMS를 사용한다면 설비 고장 시간은 많이 줄어들 것이다. 지금까지 성공적으로 CMMS를 사용한 기업들은 설비 고장 시간을 평균적으로 20% 정도 줄였다.

7.1 보전 인건비에 대한 절약 금액의 산출

① 수리 자재를 찾는 인원이 낭비하는 시간(평균)
- 자재 관리를 안 하는 경우   = 15~25%
- 수작업으로 자재 관리를 하는 경우   = 10~20%
- 수작업 작업 지시 관리와 자재 시스템 사용 = 5~15%
- CMMS   = 0~5%

② 작업 지시서 정보를 찾느라고 낭비한 시간
- 수작업 작업 지시 관리   = 5~15%
- 작업 지시 관리를 안 하는 경우   = 10~20%

③ 잘못된 작업 우선순위에 따라 작업을 시작하느라 낭비한 시간
- 수작업 작업 지시 관리   = 0~5%
- 작업 지시 관리를 안 하는 경우   = 5~10%

④ 설비가 작업할 준비가 안 되어서 낭비된 시간(생산 중)
- 수작업 작업 지시 관리   = 0~5%
- 작업 지시 관리를 안 하는 경우   = 10~15%

⑤ 낭비된 시간의 비율 합계   = (위의 ① + ② + ③ + ④)

⑥ 보전 인원 총 수

⑦ 보전 인원 총 수 × 2080 시간(일년 평균 작업 시간)

⑧ 낭비한 시간 비율 합계 × 보전 총 작업 시간(⑤ × ⑦)

⑨ 보전 인원 평균 연봉

⑩ 잠재적 절약 시간 × 평균 연봉(⑧ × ⑨)

⑪ 시스템 가중치
- 작업 지시와 자재 관리를 안 하는 경우   = 75~100%
- 수작업 작업 지시 관리   = 50~75%
- 수작업 작업 지시 관리와 자재 시스템 사용   = 30~50%
- CMMS   = 25~40

⑫ 잠재적 절약 금액 × 시스템 가중치(⑩ × ⑪)   = 절약 가능한 보전 인건비

7.1.1 절약 금액 산출에 대한 설명

절약 가능한 보전 인건비는 상기 12단계를 거쳐 계산된다. ①단계에서는 작업자들이 수리 자재를 찾느라고 보내는 시간의 비율이다. 현재 자재 관리 시스템, 작업 관리 시스템, 작업 계획 시스템을 통해 다양한 평균 지표들을 산출하고 있다면 낭비 시간을 구하기 위한 보전 작업자에 대한 동작 연구는 필요하지 않을 수도 있다. 낭비된 시간에는 일을 시

작하거나 일하는 중에 수리 자재를 찾으러 가는 데 낭비된 시간과 일을 끝내면서 사용하지 않은 수리 자재들을 창고로 가져다 놓으면서 낭비된 시간이 포함되어 있어야 한다.

②단계는 작업 지시서에서 요구하는 작업이 정확히 어떤 것인지를 결정하느라고 보낸 시간이다. 이런 낭비 시간이 생기는 것은 "수리 요망"이나 "수리나 교환 필요"와 같이 작업 요청에 대한 설명이 불충분해서 발생한다. 그러므로 작업 요청에 대한 설명이 애매할수록 추가적인 설명을 찾느라고 보내는 시간 비율은 높아진다.

③단계는 변동하는 작업 우선순위들 때문에 낭비되는 시간이다. 만일 작업자들이 오전에 시작한 작업을 완료하지 못하고 긴급한 다른 작업을 하게 된다면 그 결과 생산성의 손실이 생긴다. 작업자들이 작업을 자주 변경하여 작업할수록 낭비되는 시간 비율은 더욱 높아진다.

④단계는 보전 작업자들이 작업을 위해 출동하였으나 설비 운용 부서나 생산 부서에서 생산 일정의 변경 등으로 조업을 중단하지 못하고 계속 생산하는 경우에 발생한다. 이런 유형의 지연은 자재 결품이나 설비 고장으로 생산 일정이 자주 바뀌는 공장들에서 자주 일어난다.

⑤단계는 보전 인력 낭비 요소에 대한 비율을 모두 합친 것이다. 만약 다른 낭비 요소가 있는 경우 위 단계에 추가해야 할 것이다. 보전 인력에 대한 총 낭비 요소 비율은 때로 50~80%까지 치솟을 수도 있다.

⑥단계는 보전 작업 계획과 일정 수립을 위하여 CMMS를 사용 중이거나 또는 그 영향을 받는 작업자들의 총 수이다.

⑦단계는 ⑥단계의 보전 인원 총 수에 연간 평균 작업 시간으로 곱한 결과이다. 2080시간은 주 40시간씩 일 년 52주를 일한 시간이다.

⑧단계는 ⑦단계에서 구한 총 작업 시간에 ⑤단계의 총 낭비된 시간 비율을 곱한 결과이다. 이 결과는 연간 낭비된 총 보전 작업 시간이다.

⑨단계는 보전 인원에 대한 평균 연봉이다.

⑩단계는 ⑨단계의 평균 연봉과 ⑧단계의 연간 낭비된 총 보전 작업 시간을 곱한 결과이다. 이 결과는 보전 인건비에 대한 총 절약 가능 액수이다.

⑪단계는 보전 조직의 현재 상태를 확실히 파악하여 보전 인건비에 대한 실제 절약 금액 산출의 근거로 삼는다. 보전 작업과 수리 자재 관리에 대한 현재 수준을 추정함으로 ⑩단계에서 계산한 절약 가능 금액 중 실제 가능한 절약 금액을 구할 수 있게 된다.

⑫단계는 ⑪단계의 시스템 가중치와 ⑩단계의 보전 인건비에 대한 총 절약 가능 액수를 곱한 결과이다. 이 결과는 CMMS 및 이와 관련된 설비 보전 관리를 통해서 노동 생산성으로 만들어내야 하는 절약 목표가 된다.

7.2 수리 자재비에 대한 절약 금액의 산출

① 연간 구매된 수리 자재비

② 수리 자재가 구매되었을 때부터 다음 구매될 때까지 재고 상태로 있었던 시간에 대한 비율

- 자재 관리를 안 하는 경우   = 25~30%
- 수작업 자재 관리   = 10~20%
- 자재 관리 시스템 사용   = 5~15%

③ 절약 가능 금액(① × ②)

④ 추가 절약 가능한 재고 간접비(③ × 30%)

⑤ 재고 금액

⑥ 재고 절감 비율

- 재고 관리를 안 하는 경우   = 15~20%
- 수작업 재고 관리   = 5~10%

⑦ 재고 절감 금액(⑤ × ⑥)

⑧ 재고 유지 비용 절감 금액(⑦ × 30%)

⑨ 수리 자재 결품으로 인한 고장 횟수

⑩ 수리 자재 결품으로 인한 고장 시간

⑪ 시간 당 고장 손실 비용

⑫ 수리 자재 관련 고장 손실 비용(⑩ × ⑪)

⑬ 고장 시간 개선 가능 비율

- 현재의 관리 상태 나쁨   = 75%
- 현재의 관리 상태 보통   = 50%
- 현재의 관리 상태 좋음   = 25%

⑭ 수리 자재와 관련한 고장 손실 금액 중 절약 가능 금액(⑫ × ⑬)

⑮ 수리 자재비 절약 금액 총계(③ + ④ + ⑦ + ⑧ + ⑭)

7.2.1 절약 금액 산출에 대한 설명

수리 자재비에 대한 절약 금액 산출은 연간 구매되는 수리 자재비로부터 시작한다. 보다 정확한 수리 자재비 산정을 위해 설비 도입 시 같이 구매된 수리 자재, 총괄 계약이나 오픈(Open) 발주서에 의해 구매된 수리 자재, 설비 납품 업체에서 보전 작업 시 사용하거나 창고에 입고시킨 수리 자재, 타 부서에서 직접 구매한 수리 자재 등의 비용도 포함시켜야 한다.

②단계는 특정 수리 자재가 공장 어딘가에서 재고 상태로 존재하는 시간 비율을 말하는데 가장 이상적인 무재고 개념에서 얼마나 벗어났는지를 가름하기 위한 비율이다. 무재고로 수리 자재 재고가 관리되지 못하는 까닭 중 하나는 수리 자재를 쉽게 찾을 수 없거나 수리 자재를 언제 사용할 지 알 수 없기 때문이며 이로 인해 불필요하게 수리 자재를 구매하게 된다. 제시된 비율은 기업의 현재 관리 상태에 따른 일반적인 비율이다.

③단계는 ①단계의 년간 수리 자재 구매 비용에 ②단계의 시간 비율을 곱한 것이다. 이렇게 계산한 구매 비용에 대한 절약 가능 금액은 CMMS를 도입한 첫 해에 주로 절감해야 하며 그 이후부터는 구매 시점에 대한 관리를 철저히 하여 재고를 줄이도록 해야 할 것이다.

④단계는 ③단계에서 구한 절약 가능한 구매 비용에 따른 재고 유지 비용에 대한 절감 금액을 구하는 것으로 대부분의 기업에서는 재고 금액에 대해 30% 정도를 재고 유지 비용으로 보고 있다. 재고 유지 비용에 대한 기준이 별도로 있다면 그 기준을 적용하여 재고 유지 비용 절감 가능 금액을 구해도 된다.

⑤단계는 현재 가지고 있는 재고에 대한 재고 금액이다. 보다 정확한 재고 금액의 산출을 위해 각 수리 부품 창고 이외에 현장이나 작업자가 가지고 있는 재고들도 포함시켜야 한다. 또한 일반 관리 자재뿐만 아니라 모든 중요 자재들도 포함시켜야 하며 별도의 야적장에 보관되어 있는 장기 보관 자재들도 빠짐 없이 포함시켜야 한다.

⑥단계는 수리 자재 재고에 대한 예상 절감 비율이다. 제시된 비율은 재고 관리의 수준에 따른 일반적인 재고 절감 비율이다. 재고 관리가 제대로 되지 않을수록 또는 재고 관리에 대한 정책이 빈약할수록 재고에 따른 낭비가 크다고 볼 수 있다.

⑦단계는 ⑤단계 재고 금액에 ⑥단계 재고 절감 비율을 곱하여 구한 수리 자재 재고에 대한 절감 가능 금액이다. 이것은 전형적으로 기업이 CMMS를 도입한 첫해에 얻게 되는 가장 큰 규모의 절약 금액이다.

⑧단계는 ⑦단계 재고 절감에 따른 재고 유지 비용에 대한 절감 금액을 구하는 것으로 ④단계에서 적용한 비율을 곱한 결과이다. 다시 말하지만 대부분의 기업들에서는 30%가 값이지만 실제 재고 유지 비용을 알고 있다면 그것을 사용하여 구하면 된다.

⑨단계는 수리 자재 결품으로 발생한 설비 고장 횟수를 말한다. 이 횟수는 수리 자재 전체 결품 횟수보다는 작을 것이다. 수리 자재에 대한 관리가 제대로 되지 않을수록 수리

자재 결품으로 인한 고장은 늘어날 것이며 수리 자재 창고에서 발생하는 결품율은 40%까지 치솟을 것이다. 다시 말하면 수리 자재에 대한 서비스율은 60%라는 것이다. 설비 고장을 일으키는 수리 자재 결품율은 예방 보전보다 고장 수리 작업이 많을수록 늘어난다. 수리 자재에 대한 관리를 제대로 하지 못하고 예방 보전보다는 고장 수리를 주로 하는 기업의 경우 수리 자재 결품 중 절반은 설비의 고장을 초래한다. 즉 모든 자재 사용 요청 중 20%는 자재가 없어서 설비의 고장을 초래한다는 것이다. 결론적으로 수리 자재 관리가 제대로 이루어진다면 수리 자재가 없어 설비가 고장 나는 경우는 모든 수리 자재 사용 요청에 대해 1~20% 범위에 있을 것이고 기업의 실정에 맞는 범위 내에서 수리 자재 결품을 관리하면 될 것이다.

⑩단계는 수리 자재 결품으로 인한 고장 시간의 합계이다. 만약 이 시간을 알 수 없다면 설비 고장에 대한 모든 작업 지시서에서 고장 시간과 수리 자재 사용이 요청된 비율을 집계해야 한다. 이렇게 집계한 전체 고장 시간과 수리 자재 요청 비율을 ⑨단계에서 얻은 수리 자재 결품으로 인한 고장 횟수와 연관시키면 수리 자재 결품으로 인한 고장 시간을 추정할 수 있을 것이다. 이러한 방법을 사용할 수 없다면 일반적으로 총 설비 고장 시간 중 재고 관리가 잘되는 경우 2%에서부터 최고 40%를 수리 자재 결품으로 인한 고장 시간으로 보면 된다.

⑪단계는 설비 고장으로 발생하는 시간 당 평균 손실 비용이다. 이 손실 비용을 알 수 없는 경우 고장에 의한 손실 비용을 계산 가능한 설비만으로 손실 비용을 구한 후 적절한 비율로 전체 설비의 손실 비용을 추정하면 된다.

⑫단계는 ⑩단계의 수리 자재 결품으로 인한 고장 시간에 ⑪단계의 고장 시간 당 손실 비용을 곱한 것이다. 이렇게 구한 금액은 수리 자재 결품으로 인한 총 고장 손실 비용이다.

⑬단계는 수리 자재 관리를 통해 개선할 수 있는 고장 시간의 비율이다. 이 비율은 재고 관리 수준에 따른 것으로 제시된 비율은 일반적인 평균 비율이다.

⑭단계는 ⑫단계에서 구한 수리 자재 결품으로 인한 총 고장 손실 비용에 ⑬단계에서 구한 수리 자재 관리를 통해 개선할 수 있는 비율을 곱한 것이다. 이것은 수리 자재 관리를 제대로 함으로써 절약할 수 있는 고장 손실 비용이다.

⑮단계는 ③단계, ④단계에서 구한 수리 자재 구매 관리를 통해 절약 가능한 금액과 ⑦단계, ⑧단계에서 구한 수리 자재 재고 관리를 통해 절약 가능한 금액에 ⑭단계에서 구한 고장 손실 비용 절약 금액을 더해서 얻은 수리 자재비에 대한 총 절약 가능 액수이다.

7.3 프로젝트 성 보전 작업 관련 절약 금액의 산출

① 오버홀 등 년간 조업을 중단하고 실시되는 프로젝트 성 보전 작업의 수

② 프로젝트 성 보전 작업 당 평균 작업 일수

③ 조업 중단으로 인한 영업 손실 비용
- 조업 중단으로 발생하는 일일 평균 영업 손실 비용

④ 연간 조업 중단으로 인한 손실 비용(① × ② × ③)

⑤ 절약 가능한 비율
- 작업 지시 시스템이 없는 경우   = 5~10%
- 프로젝트 관리 시스템이 있는 경우   = 3~8%
- 프로젝트 관리 및 자재 관리 시스템이 있는 경우   = 2~5%

⑥ 총 비용 절약 금액(④ × ⑤)

7.3.1 절약 금액 산출에 대한 설명

①단계는 매년 수행되는 중요 프로젝트, 오버홀 등 조업을 중단하고 실시한 프로젝트 성격의 보전 작업을 실시한 총 횟수이다. 이러한 보전 작업들로 인해 설비 비가동, 생산 손실, 생산 지연 등이 발생한다.

②단계는 프로젝트 성 보전 작업의 평균 작업 일수이다. 즉 프로젝트 성 보전 작업으로 조업이 중단되어 생산 손실이나 생산 지연이 발생한 일수의 평균이다.

③단계는 ①단계, ②단계에서 언급한 프로젝트 성 보전 작업에 의해 발생된 평균 일일 영업 손실 비용이다. 영업 손실은 보통 생산 능력이 더 필요하게 되거나 설비의 가동 중지로 인해 생산이 변동되거나 지연되어 제품을 판매하지 못해 발생하는 기회 손실 비용이다.

④단계는 ①단계의 년간 실시된 프로젝트 성 보전 작업 횟수에 ②단계의 작업 당 평균 작업 일수를 곱한 년간 작업 일수에 ③단계 평균 일일 영업 손실 비용을 곱한 것이다. 이렇게 구한 금액은 프로젝트 성 보전 작업으로 인한 총 영업 손실 비용이다.

⑤단계는 설비 보전 관리를 통해 얻을 수 있는 프로젝트 성 비용에 대한 절약 가능 비율이다. 제시된 비율은 설비 보전 관리 수준에 따른 평균적인 절약 가능 비율이다.

⑥단계는 ④단계 프로젝트 성 보전 작업으로 인한 총 영업 손실 비용에 ⑤단계 절약 가능 비율을 곱한 것이다. 이렇게 구한 금액이 프로젝트 성 보전 작업에 대한 총 절약 금액이다.

7.4 고장 손실 비용에 대한 절약 금액 산출

① 년간 설비 고장 시간 비율
- 이 비율을 구할 수 없는 경우 평균적으로 5~25%를 적용하면 된다.

② 년간 총 생산 계획 시간(부하 시간)

③ 설비 고장으로 인한 년간 손실 시간(① × ②)

④ 관리 상태에 따른 고장 시간 절감 가능 비율
- 작업 지시 시스템이 없는 경우   = 25%
- 작업 지시 시스템이 있는 경우   = 20%
- 작업 지시와 자재 관리 시스템이 있는 경우   = 10%

⑤ 절감 가능한 고장 시간(③ × ④)

⑥ 시간 당 고장 손실 비용

⑦ 고장 손실에 대한 절약 금액(⑤ × ⑥)

상기 외 기타 고려 사항으로

⑧ 절감된 고장 시간에 대한 생산 직접 인건비

⑨ 영업 손실 절감 금액(연간 매출 ÷ 년간 총 생산 시간 × 절감된 고장 시간)

⑩ 고장으로 인한 추가 생산 비용(초과 근무 인건비, 초과된 설비 가동 비용, 초과 에너지 비용 등)

7.4.1 절약 금액 산출에 대한 설명

①단계는 년간 설비 고장 시간의 비율이다. 다른 말로 하면 설비를 구성하는 모든 장비에 대한 고장 시간의 비율을 말하며 주요 장비들에 대해 이 비율을 산출한다. 이 비율을 구하기가 어려운 경우 제시된 평균치를 적용하면 된다. 제시된 평균치는 년간 고장 시간 비율을 모르는 경우에만 적용해야 한다.

②단계는 년간 총 생산 계획 시간이다. 다른 말로는 부하 시간이라고도 한다. 고장 시간은 수립된 생산 계획 시간 내에서 발생하는 것으로 생산 일정 계획으로부터 생산 계획 시간을 가져와야 한다.

③단계는 생산 계획 시간 중 설비 고장으로 인한 년간 손실 시간이다. ①단계의 년간 설비 고장 시간의 비율과 ②단계의 년간 총 생산 계획 시간을 곱하여 구한다.

④단계는 관리 상태에 따른 설비 고장 시간을 절감할 수 있는 비율이다. 즉 CMMS를 통한 관리 상태에 따라 고장 시간을 절감할 수 있는 비율을 말한다. 제시된 비율은 일반적인 제조 업체의 평균치이다.

⑤단계는 ③단계의 년간 고장 시간에 ④단계의 고장 시간 절감 가능 비율을 곱한 것이다. 이것은 CMMS를 도입함으로써 절감할 수 있는 고장 시간이다.

⑥단계는 ③단계의 총 생산 계획 시간을 집계하는 데 사용된 설비의 시간 당 고장 손실 비용이다. 각 설비 별로 고장 손실 비용이 다르므로 평균 손실 비용을 구하여 사용하거나 설비 부위 별 고장 손실 비용을 합산하여 사용하면 될 것이다.

⑦단계는 ⑤단계의 절감 가능한 고장 시간에 ⑥단계의 시간 당 고장 손실 비용을 곱한 것이다. 이것은 CMMS 도입을 통해 절약 가능한 고장 손실 비용이다.

⑧단계는 고장 손실 비용에 대한 절약 금액 산출 시 선택적으로 고려할 사항이다. 설비가 고장나면 생산 담당자는 고장 시간 동안 작업을 할 수 없으므로 생산 직접 인건비 손실이 발생하게 된다. 따라서 고장 시간이 절감되면 생산 직접 인건비 손실도 줄어들 것이다. 경우에 따라 이 손실 비용은 ⑥단계의 고장 손실 비용에 포함되어 있을 수도 있지만 만약 포함되지 않았다면 이 비용도 절감 금액에 포함시켜야 한다.

⑨단계는 고장 손실 비용에 대한 절약 금액 산출 시 고려해야 하는 또 다른 선택 사항인 영업 손실 비용이다. 이 비용은 해당 설비의 고장으로 제품을 판매하지 못해 영업 손실이 발생한 경우에만 해당한다. 손실 비용은 고장 시간 동안 생산되지 못한 제품의 금액이다.

⑩단계도 고장 손실 비용에 대한 절약 금액 산출 시 고려해야 하는 또 다른 선택 사항이다. 고장 시간 동안 생산하지 못한 제품을 생산하기 위해서 생산 비용이 증가된다. 증가된 비용이 어느 정도인지 산출하기는 좀 어렵지만 추가 생산을 위해 초과 근무가 발생하였다면 초과 근무에 대한 인건비가 여기에 해당될 것이다. 초과 근무에 대한 인건비는 잘 알다시피 기본 근무 인건비의 1.5배이다. 이외에도 추가 생산을 위해 설비가 추가되었다면 이에 대한 추가 운영 비용도 포함시켜야 한다. 원 부자재의 물류 동선 변경에 따라 발생하는 물류 비용과 생산 설비 변경에 따른 업무 처리 작업 비용 등이 포함될 것이다. 마지막으로 추가적으로 설비 가동을 위해 들어간 전기, 수도 등 에너지 비용도 여기에 포함시켜야 할 것이다.

⑧~⑩단계의 비용들도 필요하다면 ⑦단계의 고정 손실에 대한 절약 금액에 포함시켜야 한다.

7.5 CMMS 도입을 통한 비용 효과

① 절약 가능한 보전 인건비

② 수리 자재비 절약 금액 총계

③ 프로젝트 성 보전 작업 관련 절약 금액

④ 고장 손실에 대한 절약 금액

⑤ CMMS 도입을 통해 절약 가능한 비용(① + ② + ③ + ④)

⑥ 하드웨어, 소프트웨어, 지원, 훈련 및 구현 등 CMMS 도입에 들어간 총 비용

⑦ 도입 비용 회수율(⑥ ÷ ⑤)

8. 부수적인 효과 금액

지금부터 논의할 CMMS 도입에 따른 부수적인 효과 금액의 산출은 관련된 정확한 데이터가 필요하기 때문에 대부분의 기업에서는 계산하기가 매우 어렵다. 따라서 이러한 데이터가 준비되는 회사에서는 효과 금액을 산출 하는 데 내부 데이터를 사용하면 되나 그렇지 못한 경우는 일반적인 기업들의 평균 수치나 범위들을 이용하여 효과 금액을 계산하면 된다.

8.1 보증 수리 비용

최근에 설비를 구매한 경우 설비에 대한 보증 내용에 따라 수리 비용 절감이 가능하다. 보증 기간 내에 있는 설비의 고장 중에는 설비 구매 계약에 의해 보증되는 고장이 있기 때문이다. 이러한 보증에 의해 처리할 수 있는 수리 비용은 전체 수리 비용 중 대체적으로 5~10% 정도로 알려져 있다.

설비에 대한 보증을 통해 수리 비용을 절약하기 위해서는 보증서를 잘 검토해야 하는데 보증서의 조건 중에서 보증을 받을 수 없는 경우가 있기 때문이다. 특히 다음과 같은 내용이 고려되어야 한다.

- 보증을 위해 수리 작업을 설비 공급 업체가 직접 하거나 공급 업체의 감독 하에서 수행하는지?
- 내부 작업자가 임의적으로 수리 작업을 한 경우 보증을 받을 수 없는지?
- 보증을 위해 공급 업체에 제출해야 하는 증거 자료의 제시 수준은 어느 정도인지?

상기 사항이나 이와 유사한 내용에 대한 보증서의 조건에 따라 보증을 통한 수리가 오히려 불리할 수도 있다. 예를 들어 중요 설비가 고장 나서 수리 작업이 긴급한 경우 공급 업체가 와서 수리를 해주거나 또는 관리해주기를 기다려야 한다면 틀림 없이 고장에 따른 손실 비용이 급격히 늘어나 무상 수리를 통해 얻는 이익보다 손실이 더 클 것이다.

따라서 어떻게든 설비에 대한 보증을 받을 수는 있겠지만 설비 구매 전에 보증에 대한 조건들을 충분히 검토하여 설비 보증을 통한 비용 절감이 가능하도록 해야 할 것이다.

8.2 에너지 비용

에너지 비용 절약 액수를 효과적으로 계산하려면 에너지 사용에 대한 세부적인 데이터가 필요하다. 에너지 사용에 대한 세부적인 데이터가 없는 경우는 일반 기업들의 평균치를 사용하여 절약 가능 금액을 산출할 수 있다. 엔지니어링 협회와 세계적인 회사들에 대한 연구에 의하면 공장 당 에너지 비용을 현재의 설비 보전 수준에 따라 통상 5~10% 정도 절약할 수 있다고 한다. 설비 보전 관리가 제대로 되는 기업들은 약 5% 범위 내에서 에너지 비용을 절약할 수 있으며 예방 보전을 수행하지 않거나 미미하게 수행하는 기업들은 10% 범위 내에서 에너지 비용을 절약할 수 있다. 대표적으로 몇 가지 설비 유형에 대한 에너지 절약 사례들을 아래에서 살펴보기로 한다.

8.2.1 기계 장치

기계 장치에 대한 에너지 절약은 기본적인 기계 부품에 대해 수행되는 예방 보전과 밀접한 관계가 있다. 예를 들어 회전축 간의 연결이 0.01mm 정도 조정이 잘못되어 편심되어 있다면 그 연결 장치를 통해 에너지 손실이 발생한다. 이 손실은 전형적으로 커플러와 축을 지지하는 베어링에서 열 에너지로서 나타난다. 심지어 엘라스토머 커플러에서도 에너지 손실이 나타난다.

기계 부품에 대한 또 다른 에너지 손실의 대표적인 케이스는 V 벨트가 미끄러지면서 생기는 슬립 현상이다. 벨트의 장력 조정이 잘못된 경우 슬립 현상이 발생하는데 이 손실은 벨트와 벨트 풀리 사이의 접촉 부분에서 열로서 나타난다. 또 비슷한 경우로 체인과 기어의 조정이 잘못되어도 트랜스미션과 베어링에서 에너지 손실이 일어난다. 이런 기계적 연결 부위에 대해 예방 보전을 제대로 하지 않으면 5~10%의 에너지 손실이 기계의 동력 전달 부분에서 일어나게 된다.

8.2.2 전기 설비

기계 장치와 마찬가지로 전기 설비도 정비를 제대로 하지 않으면 에너지 손실이 발생하게 된다. 접촉 불량 단자나 오염에 의해 절연이 제대로 되지 않은 모터 등에서는 온도가 상승하게 되고 이에 따라 에너지 손실이 발생한다.

또한 정비가 제대로 되지 못한 기계 장치들을 모터가 구동시키는 데는 더 많은 에너지가 필요하게 된다. 이와 같은 손실은 다른 여러 손실과 더불어서 전기 사용량을 증가시켜 결과적으로 에너지 손실을 초래한다. 기계 장치들의 경우처럼 전기 설비도 정비가 제대로 이루어지지 않으면 5~10%의 에너지 손실이 발생된다.

8.2.3 스팀 설비

스팀 설비는 그 동안 대부분의 기업에서 실질적으로 에너지를 절약할 수 있는 설비로 인식되어 왔다. 증기 트랩에 대한 검사 프로그램, 에너지 효율이 좋은 보일러, 스팀 누출 탐지 프로그램들은 지금까지 스팀 시스템의 손실을 절감하는 데 유용하게 사용되었다.

스팀 설비에 대한 정비를 잘 한다면 에너지 절약이 5%에서부터 많게는 15%까지도 가능한 것으로 보고되었다.

8.2.4 유·공압 시스템

유압과 공압 시스템의 에너지 손실은 보통은 누출로 인해 발생된다. 누출은 시스템 외부뿐만 아니라 내부에서도 발생한다. 외부 누출은 유량 레벨이 떨어지거나 공기에 의해 소음이 발생하기 때문에 발견하기가 쉽다. 누출이 발생하면 컴프레서나 펌프가 정상 이상으로 가동되어 필요 이상으로 에너지가 손실된다. 또한 유압 시스템의 경우는 누출된 기름을 청소해야 한다.

내부 누출은 탐지하기는 어려운데 특히 누출량이 적을 경우에는 거의 탐지가 불가능하다. 내부 누출은 보통 기능이 둔해 지는 것으로 알 수 있으며 유압 시스템의 경우는 발열

로도 알 수 있다. 외부 누출 때와 마찬가지로 내부 누출이 될 경우에도 컴프레서나 펌프가 더 많이 가동된다. 이런 누출로 인해 유·공압 시스템에서 5~15% 정도의 에너지 손실이 발생한다.

상기에서 검토한 것처럼 5~10%의 에너지 절감은 예방 보전을 잘 수행함으로써 쉽게 얻을 수 있다.

8.3 품질 비용

설비 상태는 보전 부서가 전적으로 책임져야 하기 때문에 설비 상태가 안 좋아서 발생되는 품질 문제는 보전 부서에서 책임져야 한다. 모든 품질 문제 중 어느 정도는 설비 보전을 제대로 함으로써 해결될 수 있다. 자주 보전을 통해 생산 오퍼레이터가 보전 활동을 하더라도 그 활동도 설비 상태를 유지하는 보전 활동의 하나이다. 어떤 기업에서는 품질 문제의 60여%가 설비와 관련이 있다고 한다. 이렇게 설비 상태에 의해 발생하는 품질 비용에 대해 절약 가능한 비용을 계산하려면 년간 생산 비용을 계산해야 한다. 년간 생산 비용을 구했으면 한번만에 생산이 완료된 제품의 비율 즉 직행율을 구해야 한다. 직행율이 구해지면 현재의 불량품의 생산 비율을 알 수 있다.

불량품의 생산 비율을 구한 다음에는 불량 원인을 분석해야 하는데 보통 TOP 10 리스트를 통해 그 원인을 분석하면 된다. TOP 10 리스트를 검토하여 설비 보전을 통해 해결할 수 있는 원인들을 찾아내고 그 비율을 다 합하면 설비 보전으로 해결할 수 있는 품질 문제에 대한 비율이 구해지고 기업의 년 생산 금액에 이 비율을 곱하면 설비 보전을 통해 절약할 수 있는 품질 비용이 구해질 것이다. 앞에서 살펴본 여러 가지 손실들은 훌륭한 CMMS를 도입하고 제대로 운영해야 없앨 수 있음을 명심해야 한다.

8.4 업무 처리 비용

CMMS가 도입되면 그 동안 수행하던 수작업 업무가 줄어 들게 되어 업무 처리 비용이 절약된다. 보전 서무, 계획 수립 담당자, 관리자, 작업 조장들의 수작업 업무 시간의 절감을 말한다. 이렇게 다수의 사람들에게 수작업 업무가 분산되어 있는 경우에는 절약 비용을 평균 임율을 가지고 구해도 된다. 업무 처리 비용에 대한 절약 금액 산출은 다음과 같은 양식을 사용하면 된다. 각 항목은 현재 수작업으로 처리하고 있는 시간을 주간 평균 값으로 구하면 된다.

- 보전 업무 영역(주간 평균 값 사용)

  ① 작업 지시서 계획 수립 시간

  ② 작업 지시서 배포 시간

  ③ 관리 보고서 작성 시간

  ④ 설비 이력 갱신 시간

  ⑤ 주간 작업 일정 수립 시간

  ⑥ PM 준비 시간

  ⑦ 주간 일정에 따른 사용 자재 리스트 작성 시간

  ⑧ 보전 관련 서무 작업 시간

  ⑨ 보전 업무 영역 수작업 시간 주간 총계(①~⑧ 합계)

  ⑩ 보전 업무 영역 예상 수작업 업무 절감 비율(보통 20%)

  ⑪ 수작업 시간 절약 총계(⑨ × ⑩)

  ⑫ 시간 당 평균 임율

  ⑬ 보전 업무 영역 업무 처리 비용 절감 금액(⑪ × ⑫)

● 수리 자재 관리 업무 영역(주간 평균 값 사용)

　① 출고 처리 시간

　② 수리 자재 별 재고 단가 산출 시간

　③ 재고 현황 보고서 작성 시간

　④ 입고 처리 시간

　⑤ 신규 수리 자재 등록 시간

　⑥ 작업 지시서 별 수리 자재 사용 기록 정리 시간

　⑦ 반품 처리 시간

　⑧ 수리 자재 관련 서무 작업 시간

　⑨ 수리 자재 관리 업무 영역 수작업 시간 주간 총계(①~⑧ 합계)

　⑩ 수리 자재 관리 업무 영역 예상 수작업 업무 절감 비율(보통 20%)

　⑪ 수작업 시간 절약 총계(⑨ × ⑩)

　⑫ 시간 당 평균 임율

　⑬ 수리 자재 관리 업무 영역 업무 처리 비용 절감 금액(⑪ × ⑫)

● 구매 업무 영역(주간 평균 값 사용)

　① 구매 요청서 작성 시간

　② 구매 요청 리스트 작성 시간

　③ 발주서 작성 시간

　④ 발주 이력 갱신 시간

　⑤ 구매 보고서 작성 시간

　⑥ 구매 가격 협의 시간

　⑦ 구매 업무 관련 서무 작업 시간

⑧ 구매 업무 영역 수작업 시간 주간 총계(①~⑦ 합계)

⑨ 구매 업무 영역 예상 수작업 업무 절감 비율(보통 20%)

⑩ 수작업 시간 절약 총계(⑧ × ⑨)

⑪ 시간 당 평균 임율

⑫ 구매 업무 영역 업무 처리 비용 절감 금액(⑩ × ⑪)

- 엔지니어링 업무 영역(주간 평균 값 사용)

  ① 작업 지시를 위한 도면 준비 시간

  ② 도면 갱신 시간

  ③ PM 주기 갱신 시간

  ④ 고장 분석 시간

  ⑤ 신뢰성 엔지니어링 업무 시간

  ⑥ 기술 정보 제공 시간

  ⑦ 엔지니어링 업무 관련 서무 작업 시간

  ⑧ 엔지니어링 업무 영역 수작업 시간 주간 총계(①~⑦ 합계)

  ⑨ 엔지니어링 업무 영역 예상 수작업 업무 절감 비율(보통 20%)

  ⑩ 수작업 시간 절약 총계(⑧ ×⑨)

  ⑪ 시간 당 평균 임율

  ⑫ 엔지니어링 업무 영역 업무 처리 비용 절감 금액(⑩ × ⑪)

8.5 신규 자본 투자

신규 자본 투자 부분에서 절약 가능한 비용을 산출하려면 금년도 설비 교체에 대한 자본 투자 금액과 내년도 예산 금액이 필요하다. 또한 현재의 보전 수준에 대한 검토도 있어야 한다. 현재 보전 수준이란 사후 보전(BM)인지, 예방 보전(PM)인지, 예지 보전 기술들을 이용하고 있는지 등에 대한 것이다. 신규 자본 투자에 대한 절약 금액은 다음 공식을 이용하여 산출하면 된다.

N.C.R. × A = 신규 자본 투자에 대한 절약 금액

    N.C.R. = New Capital Replacement Budgeted(설비 교체 자본 투자 예산)

        A = 절약 비율. 이 비율은 현재 보전 수준에 따른다.

            사후 보전 단계 = 30%

            예방 보전 단계 = 20%

            예방 및 예지 보전 단계 = 10%

8.6 구매 비용의 추가적인 절약

추가적으로 구매 비용을 절약하기 위해서는 고려해야 할 중요한 세 가지 영역이 있다. 구매 비용을 추가적으로 절약할 수 있느냐는 기업에서 다음과 같은 구매 기능들이 현재 사용되고 있느냐에 달려 있다.

- 구매 대행
- 거래량에 따른 가격 정책
- 총괄 공급 계약

구매 대행을 할 경우 적절한 보전 작업 계획 및 일정 수립 시스템이 없다면 구매에 걸리는 시간이 최대 25%까지 증가될 수 있다. 구매 대행을 통한 절약 금액은 다음과 같은 공식을 이용하면 된다.

구매 대행 업체 수 × 건 당 평균 구매 시간 × 절약 % = 절약된 구매 시간 총계

절약된 구매 시간 총계에 시간 당 구매 대행 비용을 곱하면 구매 대행에 따른 절약 금액을 산출할 수 있다.

거래량에 따라 가격을 차등해서 결정하는 경우 년간 거래량을 추적하여 할인을 받으면 된다. 거래량에 따른 할인을 많이 받기 위해서는 거래처의 수를 줄이고 모든 구매 지출 기록을 꼼꼼하게 보관하고 있어야 한다. 일반적으로 거래량에 따라 3~10%의 할인이 가능하다.

총괄 공급 계약을 이용하면 수리 자재들을 판매자의 창고에 보관하면서 사용한 수리 자재에 대한 비용만을 지급하면 된다. 이 경우 재고 유지 비용이 전혀 들지 않게 되며 재고 수준도 줄일 수 있다. 지금까지 많은 기업에서 체결재, 베어링, 동력 전달 부품들을 이런 계약을 통해 성공적으로 조달하였다. 총괄 공급 계약 시 주의점은 공급 업체는 납기 내에 수리 자재의 공급을 보장해야 하며 이용하는 기업에서는 납품 업체에 매년 일정량 이상의 구매를 보장해줘야 한다는 것이다.

8.7 자재 비용의 추가적인 절약

자재 비용의 추가적인 절약은 세 가지 영역으로 나뉜다. 각 영역에서의 절약 액수는 조직의 현재 관리 수준과 각 영역에서 낭비되는 손실 금액에 달려 있다. 세 가지 영역은 다음과 같다.

- 수리 자재 재고 회전율 증가
- 긴급 구매 감소
- 가격 할인

일반적으로 수리 자재 재고의 평균 회전율은 년간 0.75 정도이고 세계적 수준이면 년간 1 정도 수준이다. 재고 회전율이 증가될수록 자본의 투자가 자유로워진다. 재고 회전율의 증가에 따른 절약 비용을 계산하려면 총 재고 금액과 현재의 년간 재고 회전율을 알아야 한다. 년간 재고 회전율을 1을 목표로 하여 현재 회전율과의 차이에 재고 금액을 곱한 것이 재고 회전율 증가에 따른 절약 가능 비용이 된다.

긴급 구매 감소에 따른 절약 금액을 알려면 우선 작년의 긴급 구매 금액을 알아야 한다. 긴급 구매는 사후 보전(BM)이나 단기 보전 작업에 비례한다. 그렇지만 CMMS를 도입한 첫해 평균적으로 50% 정도 긴급 구매를 줄일 수 있다.

CMMS로 일반적인 구매나 긴급 구매 등 모든 구매에 대해 구매 내역을 추적할 수 있다면 모든 판매자와의 거래량을 확인할 수 있을 것이다. 거래량을 근거로 판매자와 할인율에 대해 협상이 가능할 것이다. 구매 비용의 추가적인 절약에서 언급한 것처럼 3~10%의 할인율은 관습이다.

8.8 지급 관리를 통한 절약

각종 비용에 대한 지급 관리를 통해 다음과 같은 세 부분에서 절약이 가능하다.

- 송장에 대한 오류를 줄임
- 정확한 지불 일자 운영
- 회계 정확도를 높임

각종 송장의 오류를 줄이려면 주문에서부터 구매와 대금 지불까지의 정확한 정보가 있어야 한다. 시스템에 의한 구매 업무의 경우 송장에 대한 오류를 모든 송장의 2% 이하로 줄여 준다. 일반적으로 송장의 오류를 바로 잡기 위한 처리 시간은 건 당 1시간 정도로 알려져 있다. 현재의 오류 수준과 CMMS 도입 시 오류 수준인 2%를 비교하여 절약 시간을 추정함으로써 절약 금액을 구할 수 있을 것이다.

거래와 관련된 모든 정보를 전자적으로 관리하게 됨으로써 정확한 지불 일자에 맞춰 판매자에게 구매 대금이 지급된다. 지불 관련 오류와 연체를 줄이면 연체금이나 미납 독촉을 피할 수 있다. 작년도 지불 전표를 검토하고 오류 비율을 1~3% 수준으로 줄인다고 계획하면 절약 가능한 비용을 구할 수 있을 것이다. 따라서 작년도 지불 전표를 검토할 때 오류를 줄여 비용을 절약한다는 관점에서 검토해야 할 것이다.

회계의 정확도를 높이려면 시스템에 있는 정보가 정확해야 한다. 전표 추가나 수취의 오류를 제거해야 하며 현재의 오류 수준을 개선해야 할 것이다. 다시 말하지만 1~3%의 오류 수준은 달성하기 쉬운 목표이다.

9. 시스템 구현

CMMS 구매 과정 중 시스템 구현 단계에서는 CMMS를 설치하거나 설치를 중단할 수도 있다. 만약 이 구현 단계를 급하게 수행하거나 제대로 완료하지 못한다면 시스템은 만족스럽게 운영되지 않을 것이다. 구현 단계는 다음과 같은 절차로 진행된다.

① 현 기록 갱신
② 시스템 설치
③ 데이터 입력
④ 시스템 소개
⑤ 담당자 교육

성공적으로 CMMS를 구현하는 데 필요한 활동들은 다음과 같은 목록들로 정의해서 수행해야 하며 구현 절차에 따라 순서에 맞게 활동해야 한다. CMMS를 운영하기 전에 해야 할 활동들도 있다. 시스템 구현 단계의 활동은 다음과 같이 정의한다.

- 태스크
- 태스크에 대한 간략한 설명
- 태스크 기간
- 태스크 수행에 필요한 인력

시스템 구현의 업무 범위에 따라 필요한 인력 자원이 결정된다. CMMS 구현을 위한 운영위원회를 만들어서 시스템의 구현에 대한 모든 활동들을 지속적으로 확인하는 것이 필요하다. 또한 일단 CMMS가 운영되기 시작하면 보전 활동과 보전 업무에 대한 정책과 규정을 정의하여 시스템 데이터의 무결성을 확보해야만 한다.

1. 시스템 구현 팀

시스템 구현 팀은 CMMS 구현으로 영향을 받는 각 부서들의 대표자들로 구성해야 한다. 최소한으로 다음과 같은 부서를 포함하도록 한다.

- 설비 보전
- 정보 시스템
- 생산/공정
- 시설
- 자재 / 창고
- 구매
- 생산 기술
- 공장 관리

시스템 구현 팀원들은 기본적인 업무와는 별도로 시스템 구현 업무에 시간을 투자할 수 있어야 한다. 팀장은 설비 보전 부서 출신이어야 한다. 이 구현 팀은 경영진에 의해 각 부서에서 전담 인력을 차출하여 팀을 구성한다.

2. 구현 지원 팀

구현 지원 팀은 시스템 구현에 관련된 업무를 수행하지만 독립적인 활동을 하며 경영진에게 업무 보고를 하게 된다. 지원 팀은 다음과 같은 일곱 개의 팀으로 구성해야 한다.

① 홍보 팀: 기업 내 모든 조직원에게 CMMS 구현 과정과 CMMS 도입 목적에 대한 정보를 계속 제공하여 CMMS에 대한 기업 내 홍보를 담당한다.

② 설비 코드 팀: 모든 설비에 설비 코드를 부여하는 업무를 담당한다. 설비 코드는 공장 간의 협의 하에 부여해야 하며 데이터의 일관성 유지를 위해 정보 시스템 부서와도 협의해야 한다. 또 설비 코드는 패키지의 설비 코드 데이터 형식에도 맞추어야 한다.

③ 자재 코드 팀: 수리 자재에 자재 번호를 부여하는 업무를 담당한다. 수리 자재 코드 체계가 수리 자재 관리 목적에 부응할 수 있도록 정의되어야 하며 설비 코드와 마찬가지로 패키지의 데이터 형식과도 맞아야 한다.

④ 자산 정보 팀: 각 설비와 자산의 정보를 수집하고 기록 정리하는 업무를 담당한다. 정보의 항목은 공장 간의 협의를 통해 일관성을 유지할 수 있도록 해야 하며 CMMS 패키지의 설비 정보 항목과도 잘 맞추어야 한다.

⑤ PM 계획 팀: 현재의 예방 보전 정책을 검토하여 보다 효과적인 PM 정책을 개발하는 업무를 담당한다. 각 설비 별 예방 보전 작업에 대한 주기를 효과적으로 조정하는 것이 주요 업무이며 예방 보전 작업에 대한 계획도 수립해야 한다. PM에 대한 계획은 패키지의 PM 정책을 준수하여 수립되어야 한다.

⑥ CMMS 프로세서 팀: CMMS의 모든 업무 프로세서가 도입 목적을 달성하기에 적절한지를 검토하는 업무를 담당한다. 기업의 현 실정과 도입 목표 달성에 적합한 업무 처리 절차들을 개발한다. 대표적으로 개발해야 할 업무 처리 절차는 다음과 같다.

- 작업 지시서 생성 방법
- 작업 계획 수립 방법
- 수리 자재 요청 방법
- 발주서 생성 방법
- 수리 자재 입고 방법
- 작업 시간과 사용 자재 변경 방법

이 팀은 CMMS 구현으로 영향을 받는 각 부서의 담당자들로 구성해야 하며 업무 프로세서 변경에 대한 권한이 있어야 한다. 이 팀은 특히 시스템 구현 팀원들로 구성하는 것이 좋다.

⑦ 교육 훈련 팀: CMMS 사용자들에 대한 교육 훈련 업무를 담당한다. 또한 CMMS 사용 방법에 대해 사용자의 문의에 응대하는 업무도 담당해야 하며 이러한 사용자에 대한 지원 업무를 통해 CMMS 사용 상의 문제점을 도출하고 해결해야 한다.

구현 지원 팀의 팀원들은 팀 업무를 수행하기에 앞서 CMMS 시스템에 관한 훈련을 받아야만 한다. CMMS의 훈련에는 일반적으로 최소 2일에서 최대 5일 정도가 필요하다.

3. 구현 인력 투입 시간

시스템 구현에 필요한 인력 투입 시간에 대해 항목별로 살펴보기로 한다. 아래에 제시된 인력 투입 시간은 일반적인 기업을 기준으로 산출된 값이며 실제 적용 시에는 각 기업 실정에 맞게 수정해야 한다. 설비 대수, 수리 자재 수, CMMS에서 요구되는 데이터 수 등이 인력 투입 시간을 산정하는 기준이 된다.

① 홍보 프로그램

　필요 시간: 구현 기간 중 1명이 주 2시간

② CMMS 관련 처리 절차에 대한 검토와 정의와 이에 따른 부서 업무 조정

　필요 시간: 320시간(보통 4명이 80시간씩)

③ CMMS 관련 정책과 절차의 개발과 ②단계에서 조정된 부서 업무에 따른 조직 개편

　필요 시간: 160시간(보통 4명이 40시간씩)

④ 설비와 수리 자재 라벨 형식 정의

　필요 시간: 80시간(보통 2명이 40시간씩)

⑤ 원가 부서, 계정 코드 등 회계 정보 형식 정의

　필요 시간: 40시간(보통 1명이 40시간)

⑥ 설비 번호, 설비명, 설치 위치 정보에 대한 검증

　필요 시간: 200시간(보통 1명이 200시간)

⑦ 정 직원과 임시 직원들에 대한 정보 형식 개발과 검토

　필요 시간: 40시간(보통 1명이 40시간)

⑧ 예방 보전 프로그램의 개발과 검토

　필요 시간: 12,480시간(보통 6명이 1년씩)

　설비 4492대 × 설비 당 PM 3개 = 총 13,476개 PM

⑨ 설비 라벨에 사용할 설비 데이터 수집

　필요 시간: 4,500대 설비에 4,500시간(2~4명 투입)

⑩ 수리 자재 라벨에 사용할 자재 정보 수집

　필요 시간: 15,000개 수리 자재에 15,000시간(4~8명 투입)

⑪ 구매, 발주 관련 데이터 형식 정의 및 검토

　필요 시간: 120 시간(보통 3명이 40시간씩)

⑫ 설비 별 사용 자재 정의

　필요 시간: 960시간(보통 2명이 3개월씩)

⑬ 구매, 발주 데이터 모으기

　필요 시간: 알 수 없음

위에서 추정한 시스템 구현에 필요한 인력 투입 시간은 각 기업에 따라 많은 차이가 날 수도 있다. 그렇지만 더 많은 시간이 투자되더라도 데이터의 무결성은 완벽하게 확보해야만 한다. 시스템 구현 시 잘못된 데이터가 입력되면 추후 시스템 운영 단계에서 데이터의 오류 역시 피할 수 없게 되기 때문이다.

상기 추정 시간에는 수집된 데이터를 시스템에 입력하기 위해 필요한 인력 투입 시간은 포함되지 않는다. 데이터를 정의된 형식에 따라 수집하고 입력은 일용직을 이용하는 것이 효율적이다. 데이터를 CMMS 시스템에 입력하기 위해 정 직원을 사용하는 것은 좋은 방법이 아니다

구현 인력 투입 시간 집계

① 14개월 × 8시간   112시간
② 4명 × 80시간   320시간
③ 4명 × 40시간   160시간
④ 2명 × 40시간   80시간
⑤ 1명 × 40시간   40시간
⑥ 1명 × 200시간   200시간
⑦ 1명 × 40시간   40시간
⑧ 6명 × 2080시간   12,480시간
⑨ 4명 × 1125시간   4,500시간
⑩ 8명 × 1875시간   15,000시간
⑪ 3명 × 40시간   120시간
⑫ 2명 × 480시간   960시간
⑬ 알 수 없음

총 인력 투입 시간   34,012시간

총 인력 투입 시간 34,012시간은 대략 18명의 사람을 12개월 간 투입하는 시간이다. CMMS 구현을 위해서 일반적으로 12~14개월 정도의 기간이 필요한 것 같다. 만일 인력 투입이 제대로 되지 못한다면 구현 기간은 쉽게 16~24개월을 넘기게 될 것이다. 구현 기간이 16개월 이상이 되면 시스템 구현에 실패할 가능성이 커진다.

상기에 제시된 구현 인력 투입 시간은 현재의 보전 관리가 잘 되고 있어서 보전 작업에 대한 결산과 보전 관리자들과 계획 수립 담당자들이 적정 수준을 잘 갖추고 있음을 가정한 것이다.

CMMS의 구현에는 이와 같이 긴 시간이 필요하기 때문에 공장 별로 순차적으로 구현하게 되면 CMMS 구현을 기다리다가 실패하게 될 것이다. 그러므로 공장 규모를 감안하여 몇 개의 공장을 동시에 구현하는 것이 좋다. 즉 규모가 큰 공장의 구현을 시작하면서 소규모 공장의 구현을 1달 내로 같이 시작하는 것이다. 일단 소규모 공장의 구현이 완료되면 또 다른 소규모 공장의 구현을 시작하고 대규모 공장의 구현이 완료되면 또 다른 대규모 공장의 구현을 시작하는 방식이다.

4. CMMS 구현 프로세스

CMMS 구현은 일반적으로 다음과 같은 프로세스로 진행된다.

1) CMMS 구현을 위한 운영 위원회 조직

2) 공장 별 구현 팀 조직

3) 공장 별 프로젝트 팀 조직

4) 착수 보고회

5) 하드웨어와 CMMS 소프트웨어 설치

6) 시스템 초기 환경 설정

7) 초기 기본 교육 실시

8) CMMS 운영을 위한 업무 절차 정의

9) CMMS 관련된 정책 개발

10) 보전 부서 조직 재정비

11) 데이터 수집 형식 정의

12) 11) 단계에서 정의된 형식에 따라 데이터 수집

    ① 설비

    ② 수리 자재

    ③ PM

④ 작업자

⑤ 구매

⑥ 회계

13) 시스템에 12)단계에서 수집한 데이터 입력

14) CMMS 사용자 교육

15) 수리 자재 재고 실사

16) 작업 지시서 시스템 운영 개시

17) CMMS 시스템 운영 초기 관리(1개월 이후 정상 관리)

18) 월말 운영 점검

19) 6개월 간 월말 운영 점검 지속

9.1 현 기록 갱신

시스템 구현 중에서 현재 기록에 대한 갱신 작업은 시스템을 설치하기 이전에 수행해야 한다. 어떻게 보면 시간과 자원의 낭비로 보이지만 정보의 정확성과 최신 정보를 확보하기 위해서는 피할 수 없는 절차이다. 오래되고 정확하지 못한 정보를 입력하면 시스템이 만들어 내는 모든 정보가 부정확하게 되고 말기 때문이다. 시스템 운영 초기부터 이런 문제가 일어난다면 시스템의 신뢰성에 의문이 제기될 것이다. 그래서 사전에 시스템에 입력해야만 되는 정보의 형식을 시스템 설치 업체로부터 받는 것이 좋다. 정보에 대한 형식을 받게 되면 그 형식에 맞추어 정보를 준비하여 기초 정보에 대한 정확성을 확보할 수 있다. 또한 일반적으로 소프트웨어 패키지를 구매하는 경우 기업의 실정에 맞게 정보의 형식을 어느 정도 조정이 가능하다는 것도 참고해야 할 사항이다.

시스템 설치 업체에서 제공되는 정보 형식은 기본적으로 보전 관리를 하면서 보전 기록을 보관하고 있는 전형적인 기업의 실정에 잘 맞추어져 있다. 설비 보전 관리가 나름대로 잘 되고 있는 기업에서는 정보가 체계적으로 정리되어 있으므로 현재 기록에 대한 갱신 작업이 쉬울 것이나 보전 관리를 전혀 하고 있지 않아 보전 정보가 전무한 기업에서는 현재 정보에 대한 갱신에 많은 시간과 노력이 필요하게 된다.

9.2 소프트웨어 설치

소프트웨어 설치는 단순히 소프트웨어만 설치하는 경우와 하드웨어와 같이 소프트웨어를 같이 설치하는 두 가지 경우가 있다. 소프트웨어만 설치하는 경우에는 설치한 후 시스템이 정상적으로 작동하는지를 확인만 하면 된다. 그러나 하드웨어를 포함하여 전체 시스템을 구매했다면 설치는 좀 더 복잡해진다. 하드웨어는 되도록이면 환경이 좋은 곳에 설치 해야 한다. 시스템 규모가 클수록 하드웨어에 설치에 필요한 공간도 커진다. 최근 주로 사용되는 메인프레임 컴퓨터들은 온도와 습도가 일정하게 유지 관리되는 별도의 기계실에 설치해야 시스템의 오작동을 예방할 수 있다.

대부분의 시스템 판매 업체에서는 시스템 설치를 위한 지원을 해 주고 있기 때문에 사내 담당 직원과 함께 설치 작업을 하도록 하여 시스템 운영의 이해도를 높이는 것이 필요하다.

9.3 데이터 입력

데이터 입력 단계에서는 현재까지 수집한 모든 정보를 시스템의 데이터 형식에 맞추어 입력하게 된다. 입력된 데이터는 시스템 운영과 보고서 작성 등의 근거로 활용되기 때문에 입력한 데이터가 최신 정보가 아니면 시스템은 제대로 동작하지 않을 것이다.

정보의 입력 방법도 중요한데 유사한 정보 요소들은 동일한 라벨을 붙여야 정보를 균일하게 할 수 있어 시스템 사용이 더 쉬워진다.

데이터를 모두 입력하는 데 필요한 시간을 간과해서는 안 된다. 기업이 여러 해에 걸쳐 축적하는 정보량이 매우 크기 때문이다. 이런 대량의 데이터를 한 사람이 하루 만에 시스템에 절대로 입력할 수는 없다.

인력이 한정되어 있는 기업에서는 임시로 사람을 고용하여 데이터를 입력하는 것이 가장 경제적인 방법이 될 것이다.

9.4 시스템 홍보

시스템의 성공적인 구현을 위해서는 시스템에 대한 홍보도 중요하다. 사용자들에게 시스템을 적극적으로 보여 주지 않으면 원하는 시스템 도입 효과를 거둘 수 없다. 기업 내 모든 부서에서 CMMS를 하나의 업무 도구로 받아들이는 것이 중요하다. 시스템을 경영진이나 관리자들이 업무 수행을 감시하기 위한 수단으로 인식하게 되면 사용자들은 시스템 사용을 꺼려할 것이기 때문이다.

시스템 사용자들이 협조하지 않으면 사실상 시스템이 가지고 있는 긍정적인 효과들을 부정하는 것이지만 시스템의 도움으로 업무를 더욱 효과적으로 수행할 수 있다는 확신이 들면 대부분의 사용자들이 시스템의 성공에 큰 공헌을 하게 된다.

사용자들에게 소규모 공장의 시스템을 보여주는 것도 매우 효과적일 수 있다. 시스템이 어떻게 작동하는지 한눈에 파악할 수 있다면 시스템과 시스템 도입 목적을 신뢰하게 될 것이다.

9.5 시스템 사용자 교육

어떤 시스템이든지 올바르게 사용해야 효과를 볼 수 있다. 시스템 사용자 교육을 통해서 관련 부서가 시스템을 사용할 수 있다는 확신을 갖게 된다는 것이 시스템 구현 과정에서 종종 간과되고 있다. 따라서 시스템 판매 업체에서는 좋은 사용자 교육 프로그램을 제공해야 한다. 시스템 운영을 담당한 여러 핵심 담당자들의 교육은 시스템 도입 계약에 포함되어 있는 교육 시간을 이용하거나 부족할 경우 별도의 비용을 지불해서라도 실시해야 한다. 이어서 이렇게 교육 받은 핵심 담당자들이 일반 사용자에게 교육하도록 한다. 또한 판매 업체에서 사용자 매뉴얼이나 훈련 매뉴얼 등이 충분히 제공되는지도 확인해야 한다.

소프트웨어 패키지를 구입한 후 아무런 교육 없이 운영한다는 것은 너무나 위험한 일이다. 대학이나 직업 훈련원에 표준 데이터베이스나 스프레드시트들에 대한 교육 과정이 있는 이유이다. 이런 프로그램들도 훈련이 필요한데 CMMS처럼 선진적이고 복잡한 프로그램은 더 많은 교육이 필요할 것이다. 교육이 없이는 결코 시스템이 주는 최대 효과를 성취하지 못할 것이다. 판매 업체에서 교육 프로그램에 대해 지원을 해 주지 않는다면 시스템의 품질을 철저히 평가해 봐야 할 것이다.

9.6 시스템 구현 시 발생하는 문제

그 동안 CMMS를 선택하고 구현하는 동안 발생했던 문제들과 해결책에 대해 논의할 것이다. CMMS의 구현에서 발생하는 일반적인 문제들을 인식하고 있으면 실제 구현 시 많은 문제들을 예방할 수 있다.

① 비현실적인 목표들과 불가능한 설치 일정을 달성하려고 하면 안 된다. 합리적인 목표 달성을 위해 충분한 인력과 시간을 투입해야 한다.

② 시스템 구현을 위해 별도로 정규직 인력을 늘리면 안 된다. 이는 시스템의 전체 구축 비용을 늘릴 뿐이다.

③ 데이터를 시스템에 입력하는 데는 적정 인력을 투입해야 한다. 적정 인력이 투입되어야 시간에 쫓기지 않아 데이터 입력의 오류를 없앨 수 있다.

④ 하드웨어 및 소프트웨어를 포함한 시스템 설치 작업 시 내부 담당자도 같이 작업하게 한다. 이때 얻은 지식은 추후 발생할지 모르는 많은 문제들을 사전에 예방하게 될 것이다.

⑤ 시스템을 이용하는 모든 사용자들을 충분히 교육시켜야 한다. 교육받지 못한 사용자는 시스템을 효과적으로 사용하지 못해 업무를 최적으로 수행하지 못하게 될 것이다.

⑥ CMMS가 설치되는 모든 컴퓨터에 사용자 매뉴얼과 훈련 매뉴얼을 복사해 저장해 두어야 한다. 어떤 사용자라도 사용법을 완전하게 기억할 수는 없다. 매뉴얼은 문제들이 커질 때 참조가 될 것이다.

CMMS를 선택하고 구현한 후 시스템을 처음부터 효과적으로 운영할 수는 없다. 산업 전문가들을 포함한 많은 사람들도 시스템 도입 초기부터 시스템을 잘 사용한다는 것은 어렵다고 말한다. 이렇게 시스템 운영 초기부터 효과적인 운영이 어려운 이유를 이해하기 위해서는 시스템 선택과 구현 단계에서 실패하는 일반적인 이유를 알아야만 한다. 문제들을 명확하게 이해해야 분명한 해결책이 생긴다. CMMS를 선택하고 구현하는 동안 발생하는 대부분의 실패 이유는 아래처럼 열 가지 정도로 요약할 수 있다.

[문제점 1] 현재와 미래의 요구 사항을 평가하는 데 실패

대부분의 기업은 3~5년까지의 전략적 경영 계획을 가지고 있으며 제조, 제품 개발, 설비 조달, 인력 운영 등의 세부 계획들이 포함되어 있다. 이 계획을 충분히 검토하여 설비 보전 업무와 관련된 전략적 요구 사항들을 파악해야 한다. 보전 부서는 하나의 지원 부서이기 때문에 기업의 중장기 경영 계획에 보전 업무를 포함시키거나 그렇지 못할 경우 최소한 언급은 되어 있어야 한다. 이를 통해 보전 조직이 사전에 필요한 것을 준비하여 다른 부서에 대한 지원을 할 수 있게 된다. 현재 대부분의 보전 조직은 아직도 고장 수리가 기본적인 정책인데 이런 현상은 경영층의 설비 보전이 필요악이라는 인식 때문이다.

보전 부서는 중, 장기적인 목표에 집중하기보다는 고장 수리 같은 단기적인 목표에 집중하고 있다. 이로 인해 보전 정책이나 업무들이 잘못된 출발을 하거나 잘못된 길로 가게 된다. 마라토너들은 발을 응시하지 않고 앞을 보면서 달린다는 것을 알아야 한다. 마라토너들은 지속적으로 주위 환경과 경쟁자들을 관찰하면서 경기에서 유리한 고지를 선점하고자 한다. 보전 부서들도 이와 비슷한 마음가짐을 가져야만 한다. 설비 보전 업무의 현재 상황을 이해해야 하지만 기업 전체의 목표를 보지 못해서도 안 되는 것이다. 보전 부서의 목표는 다음과 같이 표현할 수 있다.

- 최고 수준의 보전 서비스를
- 가능한 최저의 비용으로
- 적시에 제공한다.

대부분의 경우 보전 관리자들은 의도적이거나 강요에 의해 다음과 같은 단기간의 목표에 집중하고 있다.

- 예방 보전 프로그램 시작
- 유지보수 기술자 추가
- CMMS 구매
- 진동 분석 장비 설치
- 기타 등등 ......

이렇게 일을 하게 되면 공통된 목표 달성을 위해 실행하는 프로젝트를 하나로 통합하는 장기적인 관점을 상실하게 되어 관리자들은 모든 프로젝트가 어떻게 전체 그림의 한 조각을 이루는지를 이해하지 못한 채 이리저리 휩쓸려가면서 조직을 뒤죽박죽으로 만들게 된다. CMMS의 중요성을 고려하면서 앞에서 언급한 MMM그리드의 보전 정보와 개선 활동 항목을 보면 설비 보전 관리 정보 시스템의 발전 과정을 알 수 있을 것이다.

대부분의 경우 보전 관리자들은 예방 보전이나 작업 지시, 수리 자재 관리 등을 하려고 CMMS를 구매하게 된다. 그리고 이런 목표를 이루고 나면 다른 영역에서 좀 더 발전을 이루고 싶어한다. 다시 말하면 요구 사항이 변화하기 시작한 것이다. 일차적인 CMMS의 도입 목표를 이루고 나면 CMMS는 또 다른 발전된 요구 사항을 들어 주지 못하게 되는데 이런 문제를 CMMS를 납품한 업체의 책임이라 하기는 어려울 것이다. CMMS 판매 업체는 납품 시에 요구된 서비스를 제공하였기 때문이다.

진짜 문제는 보전 조직이 현재의 문제들 너머를 보지 못하여 미래의 필요나 요구 사항들을 위한 계획을 수립하지 못했다는 것이다. 미래의 요구 사항에 대처하지 못하는 것은 보전 관리자의 경력 및 기업의 경쟁적인 지위에도 손상을 입힐 것이다. 기업이 보전 관리자에게 중, 장기적인 계획을 수립할 수 있는 정보와 능력을 제공할 때 이런 문제는 해결될 것이다.

[문제점 2] 업무에 적합하지 않고 사용이 불편한 시스템

이 문제는 시스템의 요구 사항을 문서화하기 전 요구 사항을 도출하는 과정과 일차적인 관계가 있지만 MMM그리드에서 본 것처럼 보전 조직이 발전하면 할수록 CMMS의 정보를 사용하는 부서가 많아지기 때문에 시간이 갈수록 문제가 더 커진다. 다음과 같은 질문을 고려해 보자.

- 시스템이 구매와 재고 정보를 제공하는가?
- 시스템이 회계 정보를 제공하는가?
- 시스템이 엔지니어링 정보를 제공하는가?
- 시스템이 관리자들이 요구하는 정보를 제공하는가?

CMMS가 모든 사용자를 위한 정보를 사용자가 원하는 형식과 방법으로 제공하지 않으면 아무도 시스템을 사용할 수 없을 것이다. 만약 이렇게 된다면 관련 부서에서는 CMMS를 도입하여 얻을 수 있는 효과들을 거둘 수 없게 될 것이며 기업은 아무런 효과도 없고 움직임도 느낄 수 없는 시스템을 운영하게 될 것이다.

이와 유사한 또 다른 문제가 있는데 사용자의 입력이나 의사결정에 대한 고려가 부족한 시스템에 대한 문제이다. 예를 들면 다음과 같은 것이다.

- 작업 지시서는 누가 생성하는가?
- 작업 지시서는 몇 단계를 거쳐야 하는가?
- 작업자들이 관련 정보를 찾아볼 수 있는가?
- 작업 계획 수립하는 데 얼마나 많은 키 입력이 필요한가?

그래서 시스템은 사용자의 요구를 들어 주는 데 필요한 기능성뿐만 아니라 사용자들이 인정할 수 있는 사용상 편리성도 갖춰야만 한다.

세 번째로 가장 문제가 되는 것은 누가 CMMS 소프트웨어를 선택하느냐는 것이다. 어떤 경우에는 자재 부서나 구매 부서 혹은 엔지니어링 부서뿐만 아니라 품질 부서나 회계 부서, 전산 부서에서도 CMMS 소프트웨어를 선택하는 경우가 있다.

CMMS 선택에 대한 관련 부서의 의견을 종합하기 전에는 어떠한 결정도 해는 안되며 충분한 논의가 필요하다. 보전 부서는 조직과 업무를 관리하기 위하여 CMMS를 사용 해야 하는데 다른 부서에서 소프트웨어를 선택하게 되면 보전 부서의 요구 사항을 만족 하지 못하게 될 것이다. 이는 결과적으로 혼란을 초래하고 보전 부서의 경쟁력을 떨어뜨리게 되어 보전 업무 비용은 증가할 것이며 보전 작업의 품질도 떨어질 것이고 작업은 계획된 시간 내에 완료되지 못하는 상처를 입을 것이다.

다음과 같은 질문들을 생각해 보자.

- 전산 부서가 구매한 컴퓨터에 대해 보전 부서에 말해 주는 기업은 얼마나 될까?
- 회계 부서가 구매한 비용 처리 프로그램에 대해 보전 부서에 말해 주는 기업은 얼마나 될까?
- 기술 부서가 설비에 대한 디자인과 구매와 관련된 내용을 보전 부서에 말해 주는 기업은 얼마나 될까?
- 구매 부서가 구매 정책과 방법에 대해 보전 부서에 말해 주는 기업은 얼마나 될까?

기업 실정에 맞는 CMMS를 선택하려면 소프트웨어를 사용하게 될 보전 부서가 주축이 되어 CMMS를 선택하도록 해야만 한다. 앞에서 말한 것처럼 관련 부서와 CMMS 선택에 대해 논의하는 것은 좋지만 최종 결정은 보전 부서에서 내리는 것이 바람직하다. 관련 부서에서 CMMS를 선택하게 된다면 시스템 구현과 운영 시 필연적으로 문제들이 발생하기 때문이다.

[문제점 3] 경영층 지원의 결핍

경영층의 지원 결핍에는 몇 가지 요인이 있다. 경영층의 지원은 시스템 성공에 가장 중요한 요소인데 CMMS를 도입하기 위해 해결해야 할 각 부서 간의 문제가 많기 때문이다. 또한 시스템이 요구하는 업무 규칙을 시행하는 데는 경영층의 지원 없이는 불가능하다. 시스템이 요구하는 업무 규칙이 제대로 시행되지 않는다면 시스템이 생성하는 정보는 믿을 수 없을 것이다. 시스템의 정보가 의심되기 시작하면 이들 정보에 근거하여 내려진 결정들도 의심스러울 것이다. 이 때문에 이런 일을 왜 하는가 하는 부정적인 분위기가 형성되어 결국은 CMMS의 실패나 다른 시스템을 이용하는 결과가 생긴다. 예를 들어 자재 부서나 구매 부서가 CMMS를 이용하지 않거나 시스템 간의 인터페이스를 통해 CMMS를 간접적으로 이용한다면 시스템 도입 효과는 50% 이하로 떨어질 것이다. 이것은 보전 비용 절약의 큰 부분이 수리 자재의 재고 관리와 구매 관리에 있기 때문이다.

경영층의 지원을 지속적으로 받으려면 CMMS를 구현하고 사용함으로 생기는 효과들을 충분히 이해시켜야 한다. 또한 앞에서 논의한 요구 사항 평가 문제나 업무에 적합하지 않거나 사용이 불편한 시스템에 대한 문제점들도 같이 이해시켜야 한다. 그러나 경영층의 지원을 얻는 가장 확실한 방법은 CMMS의 도입 효과를 비용 측면에서 보여주는 것이다. 도입 효과 금액을 설명하는 것이 경영층을 가장 빠르게 이해시킬 수 있는 방법이다. CMMS를 통해 기업의 비용을 절감하는 효과가 없다면 경영층의 지원을 얻을 수 없을 것이다.

경영층의 지원은 CMMS 도입 초기부터 운영 단계까지 지속적으로 이루어져야 한다. 경기가 침체되는 시기에는 통상 보전 관련 부분에서 제일 먼저 예산을 감축하려 하기 때문이다. 경기 침체 시 임시로 보전 부분 예산을 감축하면 단기적인 효과는 있겠지만 장기적인 효과들을 거둘 수 없게 되어 더 큰 손해가 발생하게 된다.

경영층의 지속적인 지원을 얻으려면 주기적으로 비용 절약에 대한 보고를 해야 한다. 또 기업의 중, 장기 계획에 따라 보전 부서의 계획이 일정대로 진행되고 있는지를 CMMS를 통해 확인시켜 주는 방법도 있다. 만약 일정보다 빨리 진행되거나 지연된 경우에는 이에 대한 보고서를 준비해야 한다. 특히 일정이 지연된 경우 이를 해결하기 위한 활동들을 상세히 기록해야 한다.

가장 중요한 것은 경영층과 소통하는 것이다. 소통은 단순하지만 가장 좋은 습관이다. 소통을 통해 기업에서 설비 보전도 경영 활동의 일부로 인식시킬 수 있으며 설비 보전 관리의 중요성도 강조될 것이다. 소통을 통하여 경영층의 지원을 유지시켜야 할 것이다.

[문제점 4] CMMS 시장 조사 실패

CMMS 시장은 거대하고 다양하다. 시장에서 경쟁하는 판매 업체 수만 200업체 이상이기에 모든 패키지를 조사하려면 시간도 들고 비용도 많이 들어간다. 따라서 이런 과정을 간소화하거나 단순화시키는 방법을 강구해야 한다.

시장 조사를 단순화하는 첫 번째 방법은 CMMS에 대한 요구 사항들을 취합하여 요구 사항 정의서를 만드는 것이다. 요구 사항 정의서는 내부적으로는 CMMS 도입의 필요성을 강조하게 되며 외부적으로는 CMMS 업체들에게 CMMS 소프트웨어에 대한 기업의 요구 사항을 설명하는 데 쓰이게 된다. 요구 사항 정의서는 체크 리스트 형태로 간략하게 작성할 수도 있지만 보통은 제안 요청서 형태로 작성된다. CMMS에 대한 기업의 요구 사항을 분명히 정의하고 그 요구 조건들이 복잡할수록 요구 사항에 맞는 CMMS 패키지의 수는 줄어 들어 시장 조사를 간소화시킬 수 있을 것이다.

CMMS 판매 업체를 확인하는 것은 인터넷 검색을 통해 간단히 할 수 있지만 그중에서 적합한 CMMS 패키지 판매 업체들을 선택하려면 먼저 하드웨어와 데이터베이스에 대한 요구 사항에 적합한 CMMS 패키지를 찾으면 된다. 일반적으로 하드웨어와 운영 체제 그리고 사용할 데이터베이스가 정해지면 거기에 맞는 패키지 수는 전체 패키지 수 보다 상당히 적을 것이며 특히 일반적으로 사용하고 있지 않는 운영체계나 데이터베이스인 경우는 거기에 맞는 패키지 수가 극히 적을 것이다.

검토해야 할 CMMS 패키지 수를 줄이는 두 번째 방법은 광고나 개최된 세미나를 검토하는 것이다. 우수한 패키지 업체들은 광고나 세미나 개최에 적극적이기 때문이다. 이를 통해 선도적인 패키지 업체들로 검토 대상을 줄일 수 있을 것이다.

세 번째 방법은 동종 업체의 사례를 검토하는 것이다. 이렇게 하면 동종 업체에서 사용하는 CMMS 패키지로 검토 대상 패키지 수를 줄일 수 있다.

네 번째 방법은 컨설팅을 이용하는 것이다. 컨설팅은 패키지 선정에 도움이 되는 반면 문제를 일으킬 수도 있으니 주의해야 한다. 컨설팅을 통해 패키지를 선정할 때는 다음과 같은 점을 염두에 두어야 한다.

- 컨설팅 업체에서 판매하는 패키지가 있는가?
- 컨설팅 업체와 협력 관계를 맺고 있는 패키지 업체가 있는가?
- 패키지 선정에 대한 컨설팅 경험이 많은가?

컨설팅 업체에서 직접 판매하는 패키지가 있는 경우나 협력 관계를 맺고 있는 패키지 업체가 있는 경우 패키지 선정이 공정해질 수 없다. 이러한 점을 염두에 두고 능력 있는 컨설팅 업체를 선택하도록 해야 한다.

시장 조사 실패 문제에 대한 가장 중요한 점은 시장 조사는 철저히 하되 결정을 너무 오래 미루지 말라는 것이다. 그래야 성공적인 프로젝트를 수행할 수 있는 기회를 얻을 수 있을 것이다. 시장 조사 단계에서 실패하여 프로젝트를 시작하기도 전에 기회를 잃지 않도록 주의해야 한다.

[문제점 5] 시스템의 자체 개발

시스템을 패키지 도입에 의하지 않고 자체적으로 개발하는 경우는 현재는 그리 많지는 않지만 여전히 종종 발생한다. 시스템을 자체적으로 개발하는 이유는 다음과 같다.

① 불완전한 시장 조사

② 패키지 개발이 쉬울 거라 오판

③ 보안 문제

현재 시장에 나와 있는 모든 패키지 중에 요구 사항에 맞는 적합한 패키지가 없다고 판단될 경우 시스템을 자체 개발하게 되는데 문제점은 자체 개발에는 비용이 많이 들어간다는 것이다. 자체 개발을 위해서는 CMMS에 대한 기업 내 요구 사항을 조사하고 검토하는 시간, 프로그램 제작 시간, 시스템 테스트 시간, 유지보수 시간, 관련 부서들을 위한 검토 시간뿐만 아니라 지원과 업그레이드 시간까지도 가져야 한다. 경우에 따라서는 자체 개발 비용이 패키지 도입 비용보다 10배까지 더 들기도 한다.

개발 비용 문제와 함께 지원 문제도 발생한다. 패키지 업체들은 정기적으로 소프트웨어를 업그레이드하며 지원 인력까지 보유하고 있다. 자체적으로 시스템을 개발할 경우에도 지원 담당 인력을 두어야 하며 이에 따라 지속적으로 비용이 발생하게 된다. 이런 지원 비용까지 생각하면 특별한 경우가 아니면 자체적으로 개발하는 것은 비용 문제로 적절한 방법이 아니라 판단된다.

중요한 점은 아무리 자체 개발이 좋아 보여도 비용 측면에 적합하지 않으며 패키지 시스템을 도입하는 것만큼 영구적인 것도 아니라는 것이다.

[문제점 6] 판매 업체 평가 실패

시스템 도입을 위한 패키지 선정 과정에서는 업체, 패키지, 서비스, 컨설턴트들을 종합적으로 평가해야 한다. CMMS처럼 규모가 큰 시장에는 모든 기업 규모에 맞는 품질을 가진 제품들을 보유한 업체들이 있다. 그러므로 CMMS 구현 프로젝트를 성공적으로 수행하기 위해서는 요구 사항에 적합한 소프트웨어와 필요한 기술을 가지고 있는 업체를 찾아야 한다.

또한 판매 업체에서는 다음과 같은 서비스가 제공되어야 한다.

- 설비 보전 컨설팅
- 소프트웨어 컨설팅
- 하드웨어 컨설팅
- 교육
- 각종 관련 문서

패키지를 선정하면서 판매 업체에 요구할 서비스들을 정의하는 것도 필요하며 요구되는 서비스가 제공되는지에 대해서도 평가해야 한다. 또한 판매 업체가 이러한 서비스를 수행하는 조직을 직접 두고 있는지 아니면 다른 업체에 외주를 주는지도 잘 살펴 보아야 한다. 제3자 서비스라면 지원에 문제가 발생할 수 있다. 가능하면 판매 업체의 서비스를 받아본 경험이 있는 담당자들의 만족도를 조사하는 것이 업체를 평가하는 데 매우 큰 도움이 될 것이다.

[문제점 7] 소프트웨어 평가 실패

소프트웨어에 대한 평가는 판매 업체 평가 문제와 관련이 있다. 판매 업체와 제공되는 서비스를 평가할 때 소프트웨어 역시 그 기능이 적합한지를 평가해야 하기 때문이다. 대부분 소프트웨어를 구매할 때는 소프트웨어에 대한 시연을 보고 구매하게 되는데 시연만 보고 구매한 경우 요구한 기능들이 제대로 돌아가지 않는 경우도 있다.

이런 문제를 피하는 최선의 방법은 일정한 기간을 정해 실제 업무에 적용해 직접 사용해 보면서 평가하는 것이다. 이러한 평가는 보통 1~2주 정도면 충분하고, 정확한 평가를 위해서는 일부 비용을 지불하더라도 평가 기간 동안 판매 업체의 담당 직원도 참여시키는 것이 좋다. 이렇게 실제로 사용해 보면서 소프트웨어를 평가하게 되면 소프트웨어에 대한 기능을 올바르게 평가할 수 있게 되며 요구 사항에 적합한 기능들을 갖추었는지도 정확하게 알 수 있다.

소프트웨어를 평가하는 사람도 잘 선정해야 한다. 관리자가 소프트웨어를 평가하는 것은 좋은 방법이 될 수 없다. 관리자는 소프트웨어를 자주 사용하지 않기 때문이다. 계획 수립 담당자, 작업 담당자, 수리 자재 담당자 등이 사용해 보는 것이 좋을 것이다. 이들이 최종 사용자들이기 때문에 소프트웨어가 어떻게 작동하는지 또 업무에 어떻게 도움이 되는지를 빠르고 정확하게 평가할 수 있을 것이다.

패키지를 기업 실정에 맞춰 수정한 경우 소프트웨어에 대한 평가는 더욱 중요하다. 수정을 요구한 사항과 실제로 수정된 소프트웨어의 기능에 차이가 있을 경우 사용자와 판매 업체 양쪽 모두에서 많은 문제가 발생되기 때문이다. 철저하고 정확한 소프트웨어 평가를 통해 시스템 운영 상에서 나타날 수 있는 잠재적인 문제점들을 사전에 예방해야 한다.

[문제점 8] 시스템 구현 계획 수립 실패

CMMS를 구현하기 위해서는 인적 자원이 투입되어야 한다. 내부 인력이 아닌 판매 업체의 컨설턴트 인력으로 구현할 경우라면 비용이 발생하게 된다. 그러나 대부분 시스템 구현을 위해서는 보전 부서의 인적 자원 투입이 필수적이다. 데이터를 수집하고 시스템에 입력하는데도 시간과 인력이 들어간다. 보전 부서 인력들에게는 일상적인 업무에 시스템 구현 업무가 더해지는 것이므로 인력 운영과 시간을 잘 활용해야 정상적인 업무를 수행해가면서 시스템 구현을 성공시킬 수 있다. 따라서 시스템 구현 기간에는 관리자들이 자원을 계획에 따라 잘 운영해야 한다.

CMMS를 판매하는 대부분의 판매 업체들은 시스템 구현에 대한 기본적인 구현 계획을 가지고 있다. 따라서 시스템 구현 계획을 수립하는 단계에서 판매 업체로부터 구현 계획을 받아 검토하면 구현에 들어갈 인력과 시간을 짐작할 수 있다. 이를 바탕으로 정확한 구현 계획을 수립함으로써 성공적으로 프로젝트를 수행할 수 있게 된다.

[문제점 9] 충분한 교육 시간과 관련 문서 확보 실패

많은 기업들이 아직도 소프트웨어를 구매하고서 매뉴얼로 교육을 대신 하려 한다. 소프트웨어의 기능을 배우는 데에는 비용과 시간이 들어간다. 따라서 판매 업체의 교육 담당자가 내부 담당 직원들을 교육하도록 하는 게 최선이다. 사용자가 사용법을 숙지하지 못해 혼란을 겪게 하거나 소프트웨어 개발자들이 교육을 담당하도록 하는 것은 커다란 문제를 일으키게 될 것이다.

소프트웨어 사용법을 교육하는 데는 소정의 자격을 갖춘 인력이 투입되어야 하며 패키지에 대한 선정 과정에 교육 담당자에 대한 평가도 포함되어 있어야 한다. 또한 판매 업체로부터 교육 받은 사내 담당자들은 사내 사용자를 교육하게 되기 때문에 이들 사내 교육 담당자 선정에도 주의를 기울여야 한다. 이렇게 체계적인 교육이 이루어져야 시스템이 만족스럽게 운영될 수 있을 것이다.

사용자 교육과 관련 문서 서비스는 시스템 구현 비용과 관계가 있다. 시스템 구현 비용을 절감하기 위해서 주로 검토하는 영역이 교육과 문서 서비스의 제공량일 것이다. 만약 필요 이상으로 교육이나 문서 서비스를 축소하면 시스템 이용이 방해를 받는다. 마이크로소프트사의 오피스나 아래 한글 같은 소프트웨어 사용법을 마스터하기 위해서는 투자를 아끼지 않으면서 수천만 원 이상 하는 CMMS 소프트웨어의 교육비를 아끼려는 것은 있을 수 없는 일이다.

CMMS 소프트웨어에 대한 교육과 문서 지원 없이는 시스템의 정상적인 운영은 기대할 수 없다.

[문제점 10] 데이터 수집 및 입력 시간 추정 실패

데이터와 관련된 문제는 구현 계획 수립 실패 문제에서도 언급되었지만 매우 중요한 부분이므로 별도로 논의가 필요하다. 일반적으로 설비나 PM, 수리 자재 정보를 수집해서 시스템에 입력하는데는 1건 당 평균 1시간 정도의 시간이 걸리는 것으로 조사되었다. 약

10,000개 정도의 정보가 있다면 10,000시간이 필요하다는 것이다. 경우에 따라서 판매 업체에서 데이터를 입력해 주기도 하지만 판매 업체에서 하든 내부 인력으로 하든 데이터 수집과 입력에는 시간과 인력이 들어간다.

데이터를 수집하고 입력하기 위한 시간과 비용을 제대로 추정하지 못해 많은 프로젝트들이 실패하였다. 프로젝트의 성공은 비용과 시간임을 명심해야 한다.

CMMS를 구현하는 동안 발생하는 많은 문제들은 위에서 논의한 10가지 문제에서부터 발생되는 것들이다. 따라서 이 문제들부터 해결해야 할 것이며 CMMS 패키지 선정 과정에서도 이 문제들을 집중적으로 검토하여 구현과 운영 과정에서의 문제들을 사전에 예방하여 프로젝트를 성공적으로 이끌어 나가야 할 것이다.

9.6.1 지속적인 데이터 관리 문제

데이터, 정보, 사실, 이것들을 무엇이라고 부르든지 관리자가 좋은 결정들을 내리기 위해서는 중요한 것들이다. 잘 처리되고 유용한 데이터는 CMMS의 목표이다. CMMS가 구현되고 난 후에 데이터 수집이 시작되기도 한다.

다음과 같은 CMMS 시스템에 사용될 다양한 모듈을 고려해 보자.

- 설비
- 수리 자재
- 구매
- 작업자 관리
- 예방 보전
- 작업 지시
- 보고서

이들 모듈의 기본적인 관계는 대부분의 CMMS 패키지들에서 동일하다. 설비 모듈을 통해서 설비의 각 부품이나 보전 비용, 수리 이력 등의 정보를 추적할 수 있다. 설비 이력에 저장된 비용 정보는 수리, 이전이나 기타 비용이 발생하는 작업에 대한 결정들을 내리는 데 근거가 된다. 이 정보의 정확성은 다른 모듈들이 제공한 데이터에 의해 결정된다.

수리 자재 모듈은 각 창고에 입고된 자재들을 확인할 수 있도록 해준다. 수리 자재 모듈에서 요구된 데이터에는 다음과 같은 것들이 포함된다.

- 자재 번호
- 자재명(약칭 포함)
- 재고 수량, 예약 수량, 발주 수량, 최고-최저 단가 등
- 재고 위치
- 단가 정보
- 사용 이력

수리 자재 모듈이 제공한 데이터는 각 설비 부품 별이나 또는 시설물 별 사용 자재 비용을 계산하는 데 중요하다.

구매 모듈은 수리 자재 모듈에 포함된다. 이 모듈은 계획 수립 담당자에게 자재 주문 정보에 접근할 수 있도록 해준다. 구매 정보에는 다음과 같은 것들이 포함된다.

- 자재 번호
- 자재명
- 자재비
- 납품 정보
- 관련된 판매자 정보

구매 모듈은 작업 일정 계획 수립 시 자재의 입고 일정을 추적하고 신규 자재에 대한 비용을 추정하는 데 중요하게 사용된다.

작업자 관리 모듈을 통해서는 작업자에 대한 특정 정보를 추적할 수 있다. 작업자 관리에 필요한 데이터 중에는 다음과 같은 것들이 있다.

- 작업자 번호
- 작업자 이름과 개인 정보
- 임율
- 직능
- 훈련 이력
- 사고 이력

작업자 관리 모듈에 있는 데이터는 정확한 투입 인력 비용이 작업 지시서와 설비 이력에 첨부되도록 하는 데 필요하다.

예방 보전 모듈을 통해서는 모든 PM 비용들을 추적할 수 있다. PM 비용 정보는 수리 자재 모듈과 작업자 관리 모듈의 데이터베이스에서 얻는다. PM 모듈에서 관리되는 정보에는 다음과 같은 것들이 들어있다.

- PM(급유, 정기 점검, 정기 정비 등)의 유형 및 주기
- 추정 투입 이력 비용(작업자 관리 모듈)
- 추정 사용 자재 비용(수리 자재 모듈)
- 작업 방법에 대한 설명

상기와 같은 PM 데이터를 수집하면 PM 작업이 수행될 때마다 정확한 작업 정보와 비용 계산을 할 수 있으며 CMMS는 예방 보전 작업을 위한 투입 인력 계획 및 사용 자재 계획을 일자에 근거하여 수립할 수 있게 된다.

작업 지시 모듈을 통해서는 작업 지시서 생성부터 마감되기까지의 작업 비용과 수리 정보를 설비 부분 별이나 시설물 위치 별로 추적한다. 작업 지시서를 사용하려면 CMMS의 모든 모듈로부터 오는 정보가 필요하다. 작업 지시서에서는 다음과 같은 정보들이 관리된다.

- 작업 중인 설비나 시설물의 위치
- 투입 인력
- 사용 자재
- 작업 우선순위
- 작업일(ASAP가 아닌)
- 외주 업체 정보
- 작업 절차

작업 지시서의 정확성을 위해서는 CMMS의 모든 모듈로부터 정보를 가져와야 한다. 정확한 정보가 없으면 작업 지시서의 데이터들을 관리할 수 없다. 또한 작업 지시서는 정확하고 완전한 데이터가 없으면 설비 이력에 정확한 정보를 제공할 수 없고 설비 이력에 정확한 정보가 없다면 보전 관리자는 적절하고 비용 효과적인 결정들을 내릴 수 없게 된다.

보고서 모듈은 모든 모듈로부터 수집된 데이터를 분석을 위한 의미 있는 형태로 집계한다. 보고서는 수집된 데이터에 관한 분석 정보를 제공해야만 하며 단순한 내역만 제공해선 안 된다. 분석 보고서는 짧고 간결해야 하며 해석하기가 난해해서는 안 된다. CMMS가 생성한 보고서들이 결과적으로 CMMS의 활용성을 결정하게 된다.

기업에 있어서 데이터 수집과 분석의 중요성은 다음과 같이 강조된다.

- 경영하려면 관리해야 한다.
- 관리하려면 판단해야 한다.
- 판단하려면 보고를 받아야 한다.
- 보고하려면 데이터를 수집해야 한다.

CMMS에 의해 수집된 정보의 적시성과 정확성 그리고 정보 활용이 시스템의 성공이나 실패를 판가름한다.

CMMS를 도입한 후 정확하고 유익한 보고서가 나오기까지 정확한 정보를 생성하고 수집하는 체계를 갖추는 시간이 필요하다. 최근의 조사에 의하면 조사 대상의 70%의 기업이 CMMS 운영이 안정화되기까지 6개월 이상이 걸린 것으로 나타났으며 40% 이상의 기업이 시스템 운영이 완전해지기까지는 1년 이상이 걸린 것으로 조사되었다. CMMS에 의해 수집된 정보는 시스템의 구현이 완전해지기 전이라도 가치는 있을 것이다. 그러나 그 정보는 시스템을 완전히 사용하기까지는 완벽하게 정확한 것은 아니다. 예를 들어 보전 부서에만 CMMS를 구현한다면 보전 부서에서 나오는 데이터는 정확하지만 다른 부서나 기술 영역 정보와 결합되거나 겹치는 부분의 정보는 불완전하거나 왜곡되어 있을 것이다.

앞에서 강조했듯이 CMMS의 목표는 완벽하게 통합된 데이터 수집 시스템을 갖추는 것이다. 그렇지만 현실은 CMMS 사용이 능숙한 기업이라도 정확하고 완벽한 데이터를 얻고 있는 기업들은 많지 않다. 수리 자재 모듈, 발주 모듈, 작업자 관리 모듈 사용에 대한 조사에 의하면 시스템 사용률이 대부분 70% 이하이며 각 모듈 별로 시스템 사용 현황은 다음과 같이 조사되었다.

- 수리 자재 모듈: 52% 사용
- 구매 모듈: 32% 사용
- 작업자 관리 모듈: 35% 사용

CMMS 모듈의 사용률이 이 정도 밖에 되지 않는다는 것은 현재 사용되고 있는 기능은 몇 가지 밖에 안 된다는 것이다. 사용되지 않는 기능들은 일부 다른 시스템을 사용하고 있는 것으로 조사되었지만 실제로는 조사 대상 기업의 25% 이상이 설비 보전과 관련된 정보를 수집하기 위해 어떠한 방법도 사용하고 있지 않았다. 또한 다른 시스템을 사용하는 경우라도 설비 이력에 생성되는 데이터는 정확하지 않거나 아예 설비 이력 정보가 생성되지도 않았다. 그래서 설비 이력 정보는 정확하지 않은 정보들로 불완전하게 생성되어 있었다.

예를 들어 자동차 정비 공장을 생각해보자. 차를 수리하려고 정비 공장에 차를 입고시키면 고장 상태를 진단한 후 작업 시간과 비용에 대한 견적을 받게 된다. 이것은 설비 보전 관리에서 작업 계획을 수립하는 단계라고 볼 수 있다. 견적을 확인하고 나면 작업 일정에 따라 수리 작업을 시작한다. 작업이 완료되면 실제로 사용된 부품 비용과 작업 비용 등이 집계된 계산서를 받게 되는데 이 계산서에는 작업 시간, 시간 당 공임, 수리에 사용된 부품, 사용 수량 등이 기록되어 있고 공임과 부품비의 합계가 청구되어 있다. 이렇게 정비 공장에서 차를 수리하면 수리 내역에 대한 자세한 계산서를 받게 되는 데 만약 수리 내역 없이 최종 합계 금액만 있는 계산서를 받게 된다면 그런 계산서는 신뢰할 수가 없을 것이다. 이처럼 CMMS가 만드는 보고서에도 상세한 내역이 포함된 신뢰할 수 있는 명세서가 제공되어야 한다.

CMMS를 사용할 때 수리 자재에 대한 재고 정보가 실시간으로 제공되지 않는다면 계획 수립 담당자는 재고 정보가 매일 한 번씩 갱신되든지 일주일에 한 번씩 갱신되든지 간에 신뢰하지 않을 것이다. 이런 상황은 다른 시스템을 CMMS에 인터페이스하여 사용할 때 자주 발생되는 문제이다. 이런 문제는 해당 자재가 어제 사용되었거나 다른 곳으로 이동되었음에도 창고에 있는 것으로 보여 해당 자재를 찾느라고 시간을 낭비하게 된다. 이런 불합리한 지연으로 인해 시간 당 수백만 원에서 수천만 원에 이르는 고장 손실 비용이 늘어 난다면 이는 기업의 손익에 막대한 영향을 미치는 것이 된다.

설비를 교체해야 할 시기가 되었다는 생각이 들면 그 동안 교체하려는 설비에 투입된 인력 비용뿐만 아니라 사용 자재 비용과 함께 설비의 현재 상태 등 전체적인 그림을 보면서 설비 교체에 대한 판단을 하게 된다. 이러한 설비에 대한 전체적인 정보들이 CMMS가 아닌 다른 시스템, 예를 들어 자산 관리 시스템에 있을 거라는 생각은 어리석은 것이다. CMMS의 정보 흐름이 막히면 투입 인력 비용이나 수리 자재 비용이 작업 지시서나 설비 이력에 나타나지 않게 될 것이고 이러한 불완전한 정보를 근거로 내리는 결정 또한 오류를 일으키게 될 것이다. 설비 보전 관리 부문에서 잘못 내려진 결정은 기업 경영에 막대한 영향을 끼치게 될 것이며 따라서 이런 기업은 글로벌 경쟁에서 뒤처지게 될 것이다.

9.7 문제 해결

데이터 수집이 제대로 이뤄지고 있지 않은 CMMS에서 발생되는 문제들에 대한 해답은 시스템의 현재 이용 상태를 재평가하는 것이다. 정보는 정확하게 수집되지, 불완전하거나 빠트린 정보가 있는지, 사용하고 있지 않은 기능들은 어떤 것들이 있는지에 대해 평가해야 한다.

평가 결과에 따라 문제들이 해결되고 정확한 데이터 수집이 이루어지면 CMMS는 효과적으로 사용될 것이다. 치열한 경쟁을 하고 있는 기업들은 더 이상 결정을 위해 추측하지 않아도 되고 결정을 정확히 내릴 수 있는 확실한 정보가 제공된다면 경쟁 우위를 확보하게 될 것이다. 정확한 결정들을 하게 됨으로 얻게 되는 효과를 통해서 기업의 경쟁력은 좀 더 강화되기 때문이다. 잘못 내려진 결정은 사업에 문제를 일으키게 되고 결과적으로는 경쟁에서 밀려나게 될 것이다.

CMMS가 만들어내는 보고서는 기업 경영에 잘 활용되어야 한다. 어떤 시스템은 보고서 없이도 사용할 수 있지만 또 어떤 시스템에는 미리 정의된 수백 개의 보고서들이 있다. 보고서의 활용과 관련하여 가장 중요한 것은 설비 보전 기능을 관리하는 데 꼭 필요한 보고서들을 이용하는 것이다. 보고서가 설비 보전 관리를 위한 어떤 지표도 지원하지 못하고 평가도 하지 못한다면 CMMS는 아무런 효과가 없는 부담만 주는 시스템이 될 것이다. 사용되지 않는 정보를 수백 페이지 만들어내는 보고서는 아무런 도움이 되지 못한다. 활용할 수 없는 보고서는 관리자에게 부담만 가중시키기 때문이다. 또 관리에 필요한 보고서들은 반드시 만들어지고 업무에 활용되어야 한다. 예산 대비 실행 비용으로 보전 작업을 평가하고 관리하는 경우 CMMS가 아무런 예산 보고서도 생성하지 않는다면 관리자의 결정은 기업 경영에 도움을 주지 못한다. CMMS 보고서들은 관리 업무에 꼭 필요한 만큼 있으면 되지 너무 많거나 적다고 좋은 것이 아니다.

경영에는 판단이 필요하고 판단에는 정보가 필요하기 때문에 CMMS를 충분히 이용해서 판단에 필요한 정보를 확보해야만 한다. 정보의 중요성과 관련한 다음 사항을 유념해야 한다.

- 데이터가 없다면 그것은 의견일 뿐이다.
- 검토에는 실제적인 데이터가 필요하다.
- 감정과 견해가 섞이면 논쟁이 일어난다.

기업이 검토를 하는지 아니면 논쟁을 하는가의 차이가 세계적 수준의 기업과 삼류 기업과의 차이를 의미한다.

10. 결론

이 장에서 논의한 내용들을 잘 살펴보면 CMMS를 선택하고 구현하는 데 많은 도움이 될 것이다. 시스템의 선택은 정확히 검토하여 논리적으로 결정해야 한다. 원하는 것이 아닌 필요한 시스템을 도입하게 되면 큰 효과를 볼 수 있고 요구 사항에 적합한 CMMS 패키지를 선택하고 도입하게 된다면 CMMS 구현 비용을 합리적으로 사용할 수 있을 것이다.

시스템의 구현은 유연하며 논리적인 과정을 따라야 한다. 철저한 준비와 적절한 교육을 통해서 효과적으로 CMMS를 구현할 수 있을 것이다.

CMMS는 향후 모든 발전된 시스템들의 표준이 될 것이다. 경영층은 설비 보전 관리를 위해 유용한 CMMS에 대한 투자를 할 것인지를 이제 결정해야 한다.

3장
CMMS를 이용한 설비 보전

1. 효과 창출에 대한 개념

CMMS를 도입하여 얻을 수 있는 고장 시간의 감소, 수리 비용의 절약, 사용 자재 비용의 절약 등과 같은 효과 창출에 대한 개념에 대해 알아본다.

설비가 고장이 나면 수리 담당자를 선정하여 고장 부분에 대한 분석을 하고 수리 자재를 준비하여 고장 수리 작업을 하게 된다. 수리가 완료되면 시운전을 해보고 이상이 없으면 정상 가동을 한다. 고장 시간(Downtime)이란 수리 담당자 선정에서부터 시운전까지 시간을 말하는데 다시 말해 설비 고장 발생부터 정상 가동되기 전까지의 시간이다. 이 고장 시간을 단축해야 하는데 고장 시간 중 실제 수리 작업 시간은 전체 고장 시간의 약 29% 정도이고 이 시간은 쉽게 단축하기 어려운 시간이다. 따라서 고장 시간을 단축하려면 수리 작업 시간을 제외한 나머지 시간들을 단축해야 하고 이것이 CMMS를 통해 가능하다. 담당자 선정의 경우 고장 설비에 대한 이전 투입 작업자 중에서 현재 대기 중인 작업자를 시스템이 자동으로 찾아 배정한다면 작업자 선정 시간을 줄일 수 있다. 또한 설비 이력에서 고장에 따른 원인과 조치 내용 정보를 작업자에게 제공하여 고장 부분에 대한 분석 시간을 줄일 수 있게 해준다. 필요한 수리 자재의 재고나 저장 위치 정보 등을 제공하여 수리 자재 준비 시간을 단축하도록 한다. 이렇게 CMMS를 통한 작업자 선정 자동화, 고장에 대한 원인 조치 정보 및 수리 자재 정보 제공 등으로 고장 시간을 획기적으로 감소시킬 수 있게 된다.

수리 비용을 절약하는 데는 고장 나기 전에 수리하면 고장 난 후 수리하는 것보다 수리 비용을 약 30%를 절감할 수 있다는 개념이 사용된다. 즉 철저한 예방 보전을 통하여 고장나기 전에 미리 정비하여 수리 비용을 절약한다.

수리 자재 비용을 줄이는 것은 수리 자재 재고 비용을 줄이는 것을 말한다. MTBF, MTTR 분석을 통하여 수리 자재의 수명을 예측하고 고장 추이를 분석하여 설비 상태를 파악하고 생산 계획과 보전 계획에 따라 JIT 개념으로 수리 자재 수급 계획을 수립하면 물류와 재고 비용을 줄이게 되어 결과적으로 수리 자재 비용이 절약된다.

2. 예방 보전의 지능화

CMMS 도입을 통한 가장 큰 변화는 예방 보전에 있다. 그러나 예방 보전을 잘 계획하고 관리하지 않으면 오히려 설비 보전 관리에 도움이 되지 못한다. 예방 보전은 섬세하고 효율적으로 관리해야 하는데 예방 보전을 지능적으로 하기 위해서는 예방 보전 주기와 한 설비에 계획된 다수의 예방 보전 작업들을 잘 관리하면 된다.

2.1 예방 보전 주기 조정

보전 비용을 단순히 BM과 PM 비용으로 보면 [그림 8]과 같은 관계가 있다. PM을 많이 할수록 즉 PM 레벨이 증가할수록 PM 비용은 늘어나게 되고 반대로 BM 비용은 줄어들게 된다. 따라서 BM과 PM 비용을 합친 보전 비용은 PM 레벨이 증가함에 따라 감소하다가 어느 시점이 되면 다시 증가한다. [그림 8]에서 보듯이 X점에서 보전 비용이 최소가 되므로 X점 이상으로 PM이 실시되지 않게 PM 주기에 대한 종합적인 관리가 필요하다.

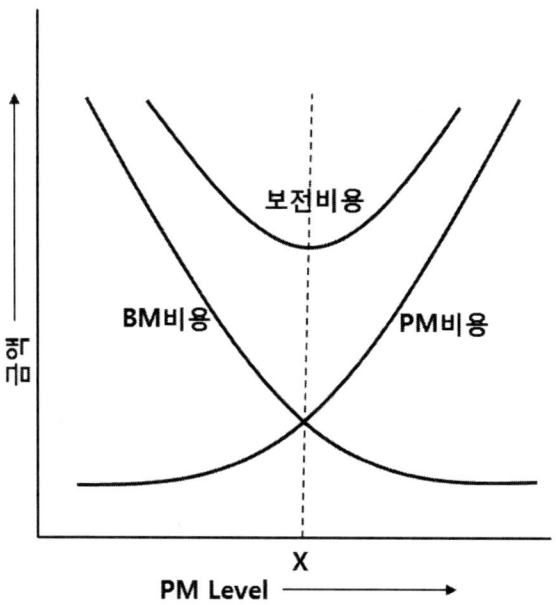

[그림 8] BM - PM 비용

그러면 최적의 PM 레벨을 구하는 방법을 예를 들어 설명해 본다. [표 2]의 예를 보면 설비 별로 보전 비용과 PM 주기 그리고 고장 횟수가 나타나 있다. 보전 비용이 가장 많은 NC618P의 경우 1,663,470원이 보전 비용으로 지출되었으며 PM 주기는 90일이다. PM을 실시한 후 첫 30일 동안은 고장이 한번도 없었고 31일~60일 사이에는 4번, 61일~90일 사이에는 6번의 고장이 발생하였다. PM 주기 90일 동안 총 10번의 고장이 발생한 것이다. 90일이 지났으므로 PM이 실시되었고 확률적으로 보면 같은 형식으로 다음 PM 때까지 고장이 다시 10회 발생할 거라고 예측된다. 반면 보전 비용이 가장 적은 P874D는 보전 비용이 710,560원으로 PM 주기 60일 동안 한번도 고장나지 않았고 따라서 이 보전 비용은 전부 PM 비용으로 볼 수 있다. 이런 결과를 가지고 PM 주기 조정을 하게 된다. 우선 PM 비용이 가장 적은 P874D는 주기를 두 배로 늘려 120일로 하더라도 확률적으로는 고장이 없다고 예측된다. 이렇게 주기를 두 배 늘리면 BM 비용이 없기 때문에 보전 비용은 절반으로 줄어 355,280원이 절약된다. 절약된 비용을 NC618P의 PM 비용으로 투입하여

NC618P의 PM 주기를 60일로 단축한다. NC618P의 PM 주기가 60일로 단축되면 PM 주기 동안에는 확률적으로 고장이 4번만 발생하는 것으로 예측할 수 있어 주기를 조정하기 전과 비교하면 고장 횟수가 6번 정도 줄어들게 되어 결과적으로 보전 비용을 절약할 수 있게 된다.

설비 ID	설비명	보전 비용	PM 주기	PM후 고장 횟수			
				1~30일	31~60일	61~90일	91~120일
NC618P	Boring Mill	1,663,470	90	0	4	6	
NC310P	Boring Mill	1,647,220	30	5			
NC470P	Turret Lathe	1,059,950	60	0	3		
P748	Force Pump	970,000	120	1	3	4	5
P749	100HP Pump	860,120	90	0	0	4	
P874D	20HP Pump	710,560	60	0	0		

[표 2] 예시. 설비 별 보전 비용

위의 예에서 설명한 것처럼 전체 설비에 대한 PM 주기를 조정하는 것만으로도 보전 비용 절감 효과가 발생한다. 설비의 상태는 수시로 바뀌기 때문에 위와 같은 PM 주기 조정 작업을 최소한 분기 별로 한번씩은 실시해야 할 것이다.

2.2 PM Band

통상 하나의 설비에는 몇 개의 PM이 실시된다. 주간 점검, 월간 정비, 분기 정비 등이 대표적인 예이다. 그러나 특정한 시기에 이 PM들이 겹치게 되면 비슷한 정비 작업을 중복해서 하는 경우가 발생하게 되어 불합리하다. 이럴 경우 겹쳐지는 PM을 생략하여 중복 정비로 인한 손실을 막아야 한다.

PM Band는 PM이 겹쳐지는지를 정의하기 위한 기간이다. [그림 9]에서 점선으로 표시된 기간이 PM Band이다. PM Band를 구하는 방법이 [그림 9]에 설명되어 있다.

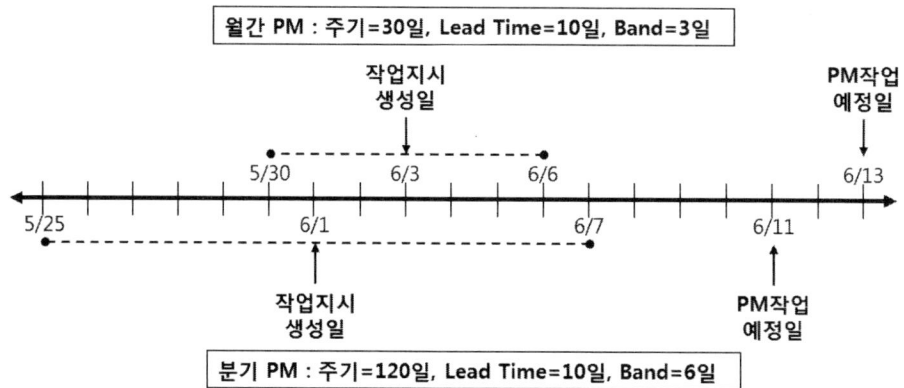

[그림 9] PM Band

[그림 9]에서 월간 PM의 Band는 5월 30일에서 6월 6일까지다. 이것은 작업 예정일 6월 13일에서 리드 타임(Lead Time) 일수 10일 전인 6월 3일에 작업 지시서를 생성하고 작업 지시서 생성일 6월 3일을 기준으로 Band 일수 3일을 전, 후로 적용하여 구한 것이다. 마찬가지로 분기 PM에 대한 Band를 구해보면 5월 25일에서 6월 7일이다. 이 두 PM의 Band가 겹치므로 주기가 짧은 월간 PM은 하지 않는다.

이렇게 PM Band를 설정하여 중복되는 정비를 없애는 것이 PM Band를 설정하는 목적이다. 그러나 경우에 따라서는 PM이 겹치더라도 생략하면 안 되는 PM들도 있으니 이 경우에는 PM Band를 설정하지 말아야 한다.

통상적으로 리드 타임은 PM 주기의 10%, Band도 주기의 10% 정도로 설정하고 운영하면서 실정에 맞게 조정해나가면 된다.

3. 보전 작업 효율의 극대화

보전 생산성을 높이기 위해서는 작업 효율을 극대화해야 하는데 작업 효율을 향상시키기 위해서는 정확한 작업 일정 계획을 수립해야 한다. 그러나 보전 작업은 고장 발생 시기를 알 수 없으므로 정확한 일정 계획을 수립하는 것은 불가능하다. 그렇다고 작업 일정 관리 없이는 작업 효율 향상을 기대할 수 없으므로 특별한 방법으로 작업 일정 계획을 수립하고 관리해야 한다.

보전 작업 일정 관리에 사용하는 일정 계획 방법으로는 DSS(Dynamic Scheduling & Simulation)가 있다. DSS는 고정된 일정 계획이 아니고 상황에 따라 일정 계획을 계속 변경하여 항상 최적의 일정 계획을 유지하는 방법을 말한다. DSS를 보전 작업 일정 계획 수립에 적용하는 방법은 작업 큐(Work Queue)를 운영하는 것이다. 작업 큐에는 작업해야 할 작업 지시서가 작업 우선순위에 따라 들어 있다. 작업 큐는 공장 전체 작업 큐, 부서 별, 팀 별, 개인 별 작업 큐 등을 운영할 수 있다. 작업자는 개인 작업 큐의 맨 위에 있는 우선순위가 높은 작업부터 순서대로 작업하면 된다. 작업자의 작업 진행에 따라 팀이나 부서 작업 큐가 실시간으로 변경되어 항상 최적의 일정 계획을 유지하게 된다. 작업 큐 방식의 DSS 방식의 일정 계획 관리 방법에서는 일정 계획이 변경되므로 일정 계획을 자주 확인해야 하는 단점이 있다.

작업 효율을 향상시키기 위해서 고려해야 할 또 다른 기능은 작업자 배정 기능이다. 효율적인 작업자 배정 역시 작업 효율 향상에 기여한다. 작업자 배정에서 가장 중요한 것은 작업 부하를 평준화시키는 것이다. 특정 작업자나 부서에 작업이 몰리게 되면 작업 효율 향상을 기대할 수 없다.

배정에는 작업자뿐만 아니라 보전 자원에 대한 배정으로 확대하여 생각할 수 있다. 보전 자원이란 작업자, 수리 자재, 외주 업체를 말한다. 수리 자재나 외주 업체 배정 관리는 예약 관리를 의미한다. 배정 관리를 하게 되면 수리 자재나 외주 작업이 준비되지 않아 작업이 지연되는 경우를 사전에 예방할 수 있을 것이다.

4. 설비 보전 업무 프로세스

일반적인 설비 보전 업무 프로세스는 [그림 10]과 같다.

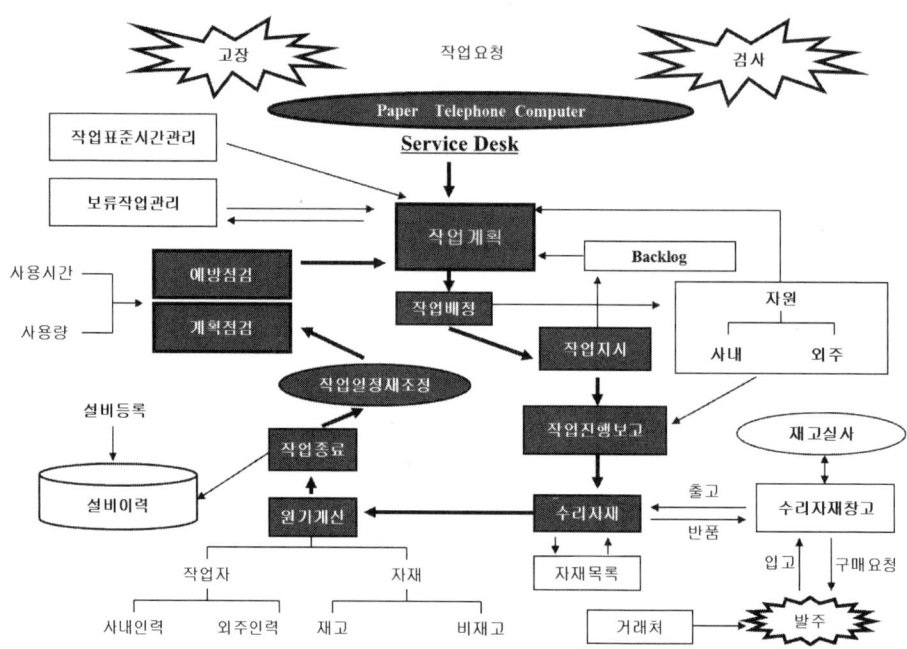

[그림 10] 설비 보전 업무 흐름도

설비 고장이나 점검, 검사에 의한 이상 발생 시 서비스 데스크에 작업 요청이 접수된다. 요청된 작업은 작업 계획을 수립하고 수립된 계획에 의해 보전 자원들을 배정하게 된다. 작업 배정이 완료되면 작업 지시서가 발행되고 작업 일정에 따라 작업이 시작되면 작업 진행 사항에 대한 보고가 이루어진다. 작업이 완료되면 사용 수리 자재와 투입 인력에 대한 원가 계산을 하여 작업 지시서를 마감하며 설비 이력을 갱신한다. 완료된 작업에 따라 작업 일정을 재조정할 필요가 있으면 재조정한다. 카렌더 시간이나 설비 사용량에 의해 예방 보전 주기가 되면 작업 계획을 수립한다.

5. 설비 관심 체제(Asset Care System)

계획 보전 체제의 구축은 자주 보전, 예방 보전, 예지 보전, 개별 개선, 열화 복원, 교육 및 훈련 등 여러 활동의 복합적이고 유기적인 활동에 의해 이루어질 수 있다. 여기서는 관리에 의한 보전 활동보다는 작업자가 자발적으로 설비에 관심을 가질 수 있도록 유도하여 단시간에 계획 보전 체제를 구축하는 방안인 설비 관심 체제를 제시한다. 특히 TPM 활동의 추진 과정에서 정체 현상이나 권태기에 접어들어 TPM 활동 손실이 발생하는 기업의 해결 방안으로 적극 추천한다.

5.1 비전

설비 관심 체제의 Vision은 고장, 사고, 불량이 없는 생산 현장을 만들어 납기 지연을 방지하여 기회 손실을 없애고 설비의 극한 사용으로 인한 생산성의 비약적 향상을 통한 기업 경쟁력을 강화 확보할 수 있다는 것이다. 이를 위하여 전 사원이 설비에 대한 관심을 극대화할 수 있는 업무 환경을 만들며 업무나 활동을 지원하는 정보 시스템도 업무와 일치되어 정보 활용 및 공유를 최대화하여 업무 효율을 높여야 한다. 일반적으로 작업자는 스스로 느끼는 회사 내에서의 자신의 존재 가치가 클수록, 성취감이 많을수록, 수행하는 업무나 활동에 대한 지시가 현실성이 있다고 느낄수록 관심을 가지고 일할 수 있다. 설비 관심 체제는 이러한 관심 유발 요인들을 적극적으로 활용하는 것이다.

5.2 기본 개념 전개

설비 관심 체제는 정보 시스템을 중심으로 하여 자주 보전, 계획 보전, 교육/훈련의 3대 활동을 추진하게 된다([그림 11] 참고).

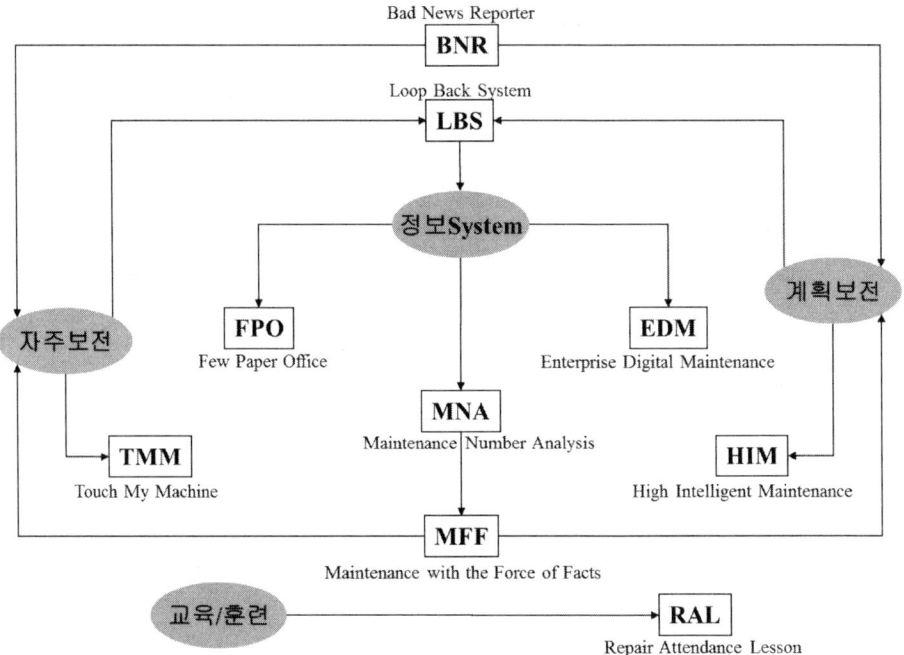

[그림 11] 설비 관심 체제

정보 시스템, 자주 보전, 계획 보전, 교육/훈련을 활동 단위 중추(AUC, Action Units Center)라 한다. 3대 활동이 상호 작용하여 그 효과가 배가될 수 있도록 활동 간의 유기적이고 상호 보완적인 방향을 다음과 같은 기본 개념을 가진 관계형 처리 개체(RPU, Relational Processing Unit)들이 지원하게 된다.

- BNR: Bad News Reporter, "나쁜 소식은 빨리 전파되어야 한다."
- LBS: Loop Back System, "활동의 모든 결과는 다음 활동에 이용되어야 한다."
- FPO: Few Paper Office, "문서 작성으로부터의 해방"
- EDM: Enterprise Digital Maintenance, "통합 정보 보전"
- MNA: Maintenance Number Analysis, "보전 수치 분석"
- MFF: Maintenance with the Force of Facts, "사실에 입각한 보전"
- TMM: Touch My Machine, "설비 곁으로"

- HIM: High Intelligent Maintenance, "고 지능형 보전"
- RAL: Repair Attendance Lesson, "수리 참관 교육"

5.3 활동 단위 중추(AUC, Action Units Center)

5.3.1 자주 보전

자주 보전은 일반 보전이라고도 하며 설비의 주인인 오퍼레이터에 의해 실시되는 보전 활동을 말한다. 자주 보전의 목표는 설비의 정상 상태를 유지하는 것이며 이런 유지 활동을 하는 동안 개선할 부위나 설비의 이상 상태를 사전에 인지하여 적절한 조치를 취하게 된다. 자주 보전은 자주 보전을 시스템화하는 단계를 시작으로 시스템화된 자주 보전 활동을 철저하고 지속적으로 유지하는 2단계로 이루어진다.

먼저 자주 보전의 시스템화를 위해서는 각 설비 별 점검 항목과 점검 주기의 기준을 정해야 하는데 초기에는 그 동안의 경험을 바탕으로 기준을 마련하게 된다. 일단 기준이 마련되면 이를 정보 시스템에 등록하여 자주 보전의 다음 단계인 자주 관리 단계로 진행한다. 자주 관리 단계를 진행하는 동안 정보 시스템을 이용하여 고장 분석을 수시로 하여 점검 주기와 항목에 대한 조정을 지속적으로 해야 자주 보전 활동이 효율적이며 현실적으로 수행될 수 있다.

5.3.2 계획 보전

계획 보전이란 전문 보전이라고도 표현되며 전문적인 보전 요원에 의한 보전 활동을 말한다. 계획 보전의 목적은 설비가 고장나지 않도록 사전에 보전 활동을 하는 것이다.

이런 목적을 달성하기 위하여 1단계로 설비의 현상을 파악하고 2단계로 열화된 설비를 정상 상태로 복구하는 활동과 취약 부위, 즉 고장 다발 부위에 대한 개선을 하게 되며 3단계로 정보 시스템을 활용하여 보전 활동에 대한 다양한 분석을 통해 다음 단계의 정기적인 설비 상태 점검 및 정비에 대한 항목과 주기에 대한 기준을 만들어 4단계로 정기 보전 체제를 구축한다. 마지막 5단계에서는 설비 진단 기술 도입, 상태 감시 시스템(CMS, Condition Monitoring System)의 도입, 부품의 수명 예측과 수명 연장 활동 등을 통해 고장 발생을 미리 예측해 적절한 조치를 취하는 예지 보전 체제를 구축한다.

5.3.3 교육/훈련

설비에 강한 오퍼레이터를 만드는 것이 교육/훈련의 목적이며 이를 위하여 주로 전문 보전 요원이 오퍼레이터를 교육하게 되는데 별도의 교육 시간을 할애해 교육하는 것뿐만 아니라 전문 보전 요원이 수리 작업을 할 때 담당 Operator를 참관시켜 수리 과정을 지켜보는 중에 교육을 실시하는 것도 필요하다. 이러한 교육 방법을 RAL(Repair Attendance Lesson)이라 하며 설비에 대한 관심을 유발시킬 수 있는 한 방법이 되기도 한다.

5.3.4 정보 시스템

정보 시스템은 마치 전쟁터의 지휘관과 같은 역할을 할 수 있어야 한다. 즉 보전 신경(Maintenance Nerves) 망을 관리하는 두뇌(Maintenance Brain)라 할 수 있는데 정보 시스템의 가치는 보전 신경망이 잘 갖추어졌을 때 더욱 진가를 발휘할 수 있다. 모든 보전 업무나 활동이 규정에 의해 효율적으로 잘 처리되는지를 항상 감시하며 보전 정보를 수집하고 수집된 정보를 분석해서 제공하여 다음 활동에 대한 계획이나 의사결정에 이를 반영 할 수 있어야 한다. 또한 각 RPU를 통해 AUC의 활동에 필요한 정보를 지원하기도 하고 활동 결과에 대한 정보를 수집하기도 한다.

5.4 관계형 처리 개체(RPU, Relational Processing Unit)

5.4.1 BNR: Bad News Reporter

"나쁜 소식은 빨리 전파되어야 한다."

보전 업무의 특성 상 정상 가동 중이거나 개선 효과가 발생했다는 등의 좋은 소식보다는 설비의 고장이나 사고 등과 같은 나쁜 소식이 즉각 전파되어야 한다. 문제 발생 시 담당자에게 가장 빠른 방법으로 알려주는 경보 체제를 BNR이라 한다. 즉 BNR RPU는 자주 보전이나 계획 보전 AUC에 보전 활동을 해야 한다는 것을 알리게 된다.

5.4.2 LBS: Loop Back System

"활동의 모든 결과는 다음 활동에 이용되어야 한다."

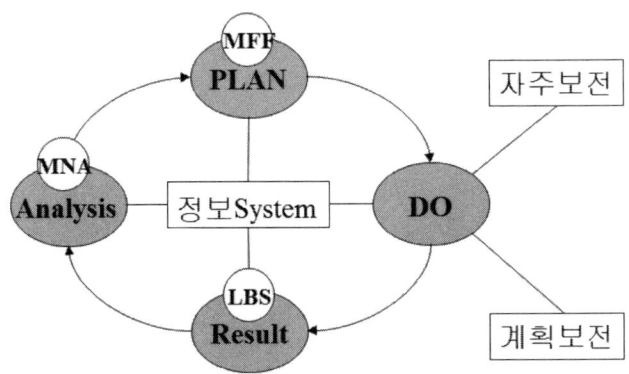

[그림 12] Loop Back 시스템

모든 보전 활동의 결과는 보전 정보로 활용할 수 있도록 정보 시스템 내에 저장되어야 한다. LBS RPU의 역할은 자주 보전이나 계획 보전 AUC로부터 보전 활동 정보의 수집에 있다. 이렇게 수집된 정보는 정보 시스템 AUC를 통해 다음에 설명할 MNA RPU에 의해 분석되고 MFF RPU가 보전 활동 계획 수립 시 효과적으로 계획될 수 있도록 해준다.

5.4.3 FPO: Few Paper Office

"문서 작성으로부터의 해방"

중간 관리자 위치에 있는 보전 요원의 대부분이 차츰 현장으로부터 멀어져 사무실에서 보고 자료, 분석 자료, 회의 자료를 만드는 데 시간을 다 보내고 있는 것을 보게 되는데 이 때문에 그들의 경험이 현장에 적용되지 못할 뿐만 아니라 시간이 지날수록 현장 감각을 잃어버리고 풍부한 경험과 전문 기술을 가진 전문가에서 단순 지식 노동자로 전락하게 된다. 이러한 현상은 보전 활동에 아주 큰 손실이 되는데 FPO RPU가 이들이 만들어야 하는 보고서를 대신 만들어 주는 역할을 수행한다. 정기적으로 만들어지는 일지나 주간 보고서, 월간 보고서, 회의 자료 등이 FPO RPU의 범위가 된다. 효과적으로 FPO RPU가 활동하려면 먼저 문서의 통폐합이 이루어져야 하며 문서를 통해 보고를 받는 것을 줄이고 정보 시스템을 통해 보고 받는 분위기가 형성되어야 하겠다. 또 각 회의실마다 보전 신경망을 연결하여 작성된 회의 자료로 회의하는 것이 아니라 정보 시스템을 이용한 회의가 될 수 있도록 해야 하겠다.

5.4.4 EDM: Enterprise Digital Maintenance

"통합 정보 보전"

대부분의 기업들은 CMMS 이외에도 다른 많은 정보 시스템들을 가지고 있다. 정보의 활용 차원에서 보면 기업이 보유한 모든 시스템을 이용하는 것이 바람직하다고 할 수 있다. 따라서 보전 신경망은 다른 정보 시스템과도 연결되어야 하며 새로 구축되는 시스템과도 연결하는 것을 전제해야 한다. 예를 들면 원가 관리나 회계, 생산 관리, 도면/문서 관리, 인사 관리 시스템과 DCS(Distribute Control System), PIMS(Process Information Management System), QIMS(Quality Information Management System), LIMS(Laboratory Information Management System), POP(Point of Product) 시스템, MES(Manufacture Execution System) 등등 모든 정보 시스템과의 연결이 필요하다. EDM RPU는 기업 내의 모든 정보 시스템을 연결하여 전사적인 정보를 가지고 보전 활동을 할 수 있도록 하는 역할을 담당한다.

5.4.5 MNA: Maintenance Number Analysis

"보전 수치 분석"

MNA RPU는 모든 보전 활동의 결과나 효과를 서술적으로 표현하는 것이 아니라 수치화해서 정량적으로 표현해 주는 역할을 한다. "설비의 상태가 좀 안 좋아지고 있다."라는 표현보다는 "설비 상태가 88.9%이다."라고 표현되면 보다 객관적인 판단을 할 수 있을 것이다. MNA RPU는 모든 보전 정보를 분석하여 이러한 관리 지표들을 제공하게 되는데 주요 관리 지표에 대해서는 뒤의 6절에서 설명한다. 이런 지표의 산출은 보전 활동의 의사 결정에 많은 도움을 줄뿐만 아니라 작업자들의 활동 결과가 바로 지표에 반영됨으로 작업 결과가 어떻게 지표에 영향을 줄지,어떻게 작업하면 보다 많이 지표를 개선할 수 있을지 등을 작업자가 생각하게 됨으로 많은 관심을 유발할 수 있으며 활동 목표의 설정과 목표 달성에 대한 성취감들로 인해 자발적인 보전 활동을 유도할 수 있다.

5.4.6 MFF: Maintenance with the Force of Facts

"사실에 입각한 보전"

MNA RPU로부터 전달된 각종 수치 정보를 토대로 추측이나 주관적이 아니라 개관적이고 현실성 있는 보전 활동 계획을 수립하는 역할을 MFF RPU가 해준다. 이러한 사실에 입각한 활동 계획 수립은 보전 활동이 보다 효과적으로 수행될 수 있도록 해줄 뿐만 아니라 작업자들이 현장에서 느끼는 감각과 일치되는 업무 지시가 내려갈 수 있어 관리 체계나 CMMS, 상급 관리자에 대한 신뢰성을 높여 협조적이며 긍정적인 분위기에서 작업할 수 있도록 해주는 부수적인 효과도 있다.

5.4.7 TMM: Touch My Machine

"설비 곁으로"

자주 보전의 성패는 오퍼레이터가 설비를 얼마나 잘 돌보는가에 달려 있다. 다시 말해 설비에 대해 많은 관심을 가지고 주의 깊고 애정 어린 손길로 돌볼 때 설비는 언제나 정상 상태를 유지 할 수 있을 것이다. TMM RPU는 오퍼레이터가 설비에 관심을 갖고 설비 곁으로 자주 다가갈 수 있도록 주위를 환기시키는 역할을 담당한다. 마치 "다마고치"라는 게임기 같다고 이해하면 될 것이다. TMM을 시작하려면 먼저 My Machine을 정해야 하며 "주치의 작전" 같은 Event 행사도 실시하는 것이 도움이 된다.

5.4.8 HIM: High Intelligent Maintenance

"고 지능형 보전"

지금보다 더 발전적인 보전 활동을 하려면 인력의 전문화, 보전 기술의 전문화, 관리의 전문화가 필수적인데 이 중에서 보전 기술의 전문화를 담당하는 것이 HIM RPU이며 예지 보전 체제를 구축하는 근간이 된다. HIM RPU의 구성 요소로는 설비 진단 기술, CMS(Condition Monitoring System), 부품 수명 예측 기술, 설비나 부품의 수명 연장 기술 등을 들 수 있다.

5.4.9 RAL: Repair Attendance Lesson

"수리 참관 교육"

교육/훈련 AUC를 지원하는 RPU이며 오퍼레이터나 작업 요청자에게 수리 일정을 사전에 알려 수리 시 참관할 수 있도록 해주며 추후 해당 작업 지시서를 손쉽게 조회할 수 있도록 해주어 반복 교육 효과를 거둘 수 있도록 해준다.

5.5 AUC 추진 단계별 RPU

앞에서 살펴본 대로 자주 보전 AUC는 자주 보전 시스템화 단계와 자주 관리 철저의 두 단계로 이루어져 있다. 첫 단계인 자주 보전 시스템화 단계에서는 EDM(Enterprise Digital Maintenance)과 FPO(Few Paper Office) RPU를 적용하며 2단계인 자주 관리 철저 단계에서는 TMM(Touch My Machine)과 BNR(Bad News Reporter) RPU를 적용한다.

계획 보전 AUC의 1단계 설비 평가와 현상 파악 단계에서는 MNA(Maintenance Number Analysis) RPU를, 2단계인 열화 복원과 약점 개선 단계에서는 MFF(Maintenance with the Force of Facts) RPU를, 3단계 정보 관리 체제 구축 단계에서는 EDM(Enterprise Digital Maintenance)과 FPO(Few Paper Office) RPU를 적용한다. 4단계 정기 보전 체제 구축 단계에서는 LBS(Loop Back System) RPU를, 5단계 예지 보전 체제 구축 단계에서는 HIM(High Intelligent Maintenance) RPU를 적용한다.

마지막으로 교육/훈련 AUC에는 RAL(Repair Attendance Lesson)를 적용하면 된다.

6. 보전 관리 지표

6.1 지표 관리의 목적

보전 활동에 대한 효과 측정의 목적은 활동의 성과를 공평하게 평가하고, 개선할 중점 문제의 도출에 있으며, 보전 활동의 성과를 정확하고 효율적으로 평가할 수 있는 지표는 다음과 같아야 한다.

① 평소의 활동 및 대책의 결과가 효과적으로 연결되어 있는지를 명확하게 인식할 수 있게 되어 있어야 하고,

② 평소의 업무 수행에 대한 성과를 정확히 판단하고 그 대책 및 개선점을 착안할 수 있는 지표 관리가 되어야 하며,

③ 현재 공장 전체의 문제 부분의 도출 및 해결 과제의 파악이 가능케 함으로써 상황의 변화에 신속하게 대응하고 명확하게 판단할 수 있는 지표라야 한다.

한편 효과가 나타났다면 그것을 유지 관리하는 일상 관리 활동과 보다 나은 효과를 기대하기 위해서는 개선으로의 연계가 끊임없이 이루어져야 한다. 보전 활동 효과 측정 지표는 원인계(수단적인 성격)로서의 "활동 지표"와 결과계로서의 "성과 지표"(목적으로서의 성격)가 있는데 보통 버전 활동 효과 측정 지표라면 이들 양자 모두를 포함하여 말하고 있다. 또한 보전 활동 효과 측정 지표로서 RANK(중요도)를 구분하여 필수 지표(●), 내부 관리용 중요 지표(◉), 내부 관리용 추천 지표(○)를 표시하여 두었다.

6.2 플랜트 및 설비 효율 측정 지표

보전 활동 효과 측정 지표 중 생산 부문에서 대표적으로 측정하는 지표가 장치 산업의 경우 플랜트 종합 효율이고 가공 조립 산업의 경우 설비 종합 효율이다.

항목	산식	RANK	담당	비고
① 플랜트 종합 효율	부하율×설비 종합 효율	●	생산	장치 공업형(화학, 섬유, 유리, 철강, 식품, 섬유, 종이, 고무, 비철금속 산업 등)에만 해당함
② 부하율	부하 시간÷카렌더 시간×100	◉	생산	
③ 설비 종합 효율	시간 가동률×성능 가동률×양품율	●	생산	
a. 시간 가동률	가공 시간÷부하 시간*100	◉	생산	설비 효율 저해 LOSS 개선 시 개선 대상을 도출시키기 위해 필요함
b. 성능 가동률	(총 생산량×이론 사이클 타임)÷가동 시간×100 혹은 장치 산업형인 경우는 (실적 평균 생산 Rate÷기준 생산 rate)×100	◉	생산	
c. 양품율	(총 생산량-(공정 불량+재가공량))÷총 생산량×100	◉	생산	

[표 3] 플랜트 및 설비 효율 지표

6.3 신뢰성 및 보전성 측정 지표

신뢰성이란 "시스템이나 장치가 정해진 사용 조건 하에서 의도하는 기간 동안 만족하게 동작하는 시간적 안정성"을 나타내며, 보전성이란 "주어진 조건에서 규정된 기간에 보전을 완료할 수 있는 성질"을 말한다.

항목	산식	RANK	담당	비고
① 고장 도수율	(고장 정지 횟수÷부하 시간)×100	◉	보전	부하 시간 및 가동 시간은 설비 효율 산출 시의 대상 범위와 동일한 것들을 더함
② 고장 강도율	(고장 정지 시간÷부하 시간)×100	●	보전	
③ MTBF	가동 시간÷정지 횟수	◉	보전	
④ MTTR	정지 시간÷정지 횟수	◉	보전	
⑤ 설비 고장 건수	실적 치	●	생산 공무	고장 등급 구분(대,중,소) 필요
⑥ 프로세스 고장 건수	실적 치	◉	생산 공무	공정 트러블 건수
⑦ 잠깐 정지 횟수	실적 치	○	생산	5분 이하 정지
⑧ 설비 가동성 (AVAILABILITY)	MTBF÷(MTBF+MTTR)	○	공무	가동률, 유용성이라고도 함
⑨ SHIFT간 무인 운전 시간	실적 치	◉	생산	

[표 4] 신뢰성 및 보전성 지표

6.4 보전 작업 효율 및 보전비 측정 지표

이는 보전 작업의 효율성 측면 및 보전비에 관련된 효과 측정 지표로서 보전 활동의 경제성 판단에 관련되는 지표이다.

	항목	산식	RANK	담당	비고
보전 작업 효율	① 예방 보전 달성율	(PM 실시 건수÷PM 계획 건수)×100	○	공무	
	② PM율	(PM 건수÷(PM 건수+BM 건수+EM 건수))×100	○	공무	EM:긴급 보전
	③ 개량 보전율	(CM 건수÷총 보전 건수)×100	○	공무	설계상 약점 개선을 개량 보전(CM)이라 함
	④ 긴급 보전율	(EM 건수÷(PM 건수+BM 건수+EM 건수))×100	○	공무	돌발 고장으로 인한 보전율
	⑤ CM 건수	실적 치	◉	공무	
	⑥ BM 건수	실적 치	◉	공무	
	⑦ SDM 단축 일수	전회 SDM 일수-금회 SDM 일수	◉	공무	Shutdown Maintenance
	⑧ SDM 스타팅트러블 건수	실적 치	◉	공무	초기 유동 관리 기간 중의 트러블 건수
보전비	① 총 보전 비율	(총 보전비÷총 제조 원가)×100	◉	공무	총 보전비=재료비+인건비+경비+외주 공사비
	② 보전비 원단위	보전비÷생산수량	●	공무	원 단위는 줄이도록 노력함
	계획 초과 보전비 원단위	계획 초과 보전비÷생산 수량	○	공무	원가 절감 측면상 관리되어야 할 지표임
	BM 보전비 원 단위	BM 보전비÷생산 수량	◉	공무	
	외주 수선비 원 단위	외주비÷생산 수량	○	공무	

[표 5] 보전 효율 및 보전비 지표

마치면서

CMMS의 미래

CMMS 분야의 미래는 어떨까? 시스템의 트랜드는 어떻게 될까? CMMS를 지금 도입해야 하나? 아니면 나중에 도입해도 되나? 이런 질문들에 관해서 몇 가지 견해들을 간략히 살펴보기로 한다.

미래에는 공장 자동화가 대세가 될 것이며 따라서 설비 보전이 핵심 기술 요소가 될 것이다. 이미 시스템 업체들은 설비 상태 모니터링 시스템에 대한 인터페이스들을 개발하여 제공하고 있다. 미래의 설비들은 설정된 설계 파라미터를 기준으로 자체 유지보수를 하게 될 것이다

미래 시스템의 트랜드는 시스템 내의 모든 모듈을 통합하는 것이 될 것이다. 모든 시스템이 공장의 모든 컴퓨터와 통합될 것이며 멀티 유저, 멀티 시스템은 기본이 될 것이다. 이미 사용자는 여러 업무를 하나의 PC에서 처리하고 있다. 하드웨어의 지속적인 발전은 시스템의 혁신을 가져오게 될 것이다.

시스템 도입 시기에 대한 질문은 언제나 있어 왔지만 지금 당장 시스템을 도입하여 비용 절감을 시작하지 않으면 경쟁에서 뒤처지게 될 것은 자명한 이치이다. 시스템은 기업 실정에 맞추어 업그레이드나 변경이 가능하기 때문에 처음 패키지를 선정할 때 현재와 미래의 요구 사항을 적절히 지원하며 필요한 서비스를 잘 지원할 수 있는 유능한 업체를 선정하는 것이 무엇보다 중요하다.

CMMS와 관련된 시스템들도 지속적으로 발전해왔다. 예를 들어, 진동 분석기의 발전을 생각해 보면 최초의 진동 분석기는 아주 복잡하며 사용하기 어렵고 능숙하게 다루기 위해서는 훈련을 많이 해야만 했다. 진동 분석기가 발달된 지금은 사용하기가 쉬워졌고 데이터도 이해하기가 쉬워졌으며 이를 이용하여 만든 예지 보전 프로그램들은 설비 보전 관리에 매우 쉽게 적용된다.

예지 보전 시스템들이 개선되고 진보한 것처럼 CMMS 또한 발전하였다. 최근에 CMMS 시장에서는 새로운 제품들이나 생산 현장에 사용되는 특별한 프로그램들이 출시되고 있는데 이러한 시장 상황을 볼 때 차세대 CMMS가 나올 것이라 예상된다. 차세대 CMMS에는 기능과 개발 툴 영역에서 새로운 기술들이 적용될 것이다.

기능이란 CMMS를 적용했을 때 소프트웨어로 제어되거나 관리되는 업무 활동을 말한다. CMMS 패키지를 구매하려고 패키지들을 검토하여 보면 대부분의 패키지가 동일한 기능으로 표준화되어 있는 것을 볼 수 있다. 표준화된 CMMS 패키지들은 다음과 같은 기본적인 구성 요소들을 동일하게 가지고 있다.

① 작업 지시
② 예방 보전
③ 설비 정보
④ 수리 자재
⑤ 구매
⑥ 보고서

20~30개 업체와 CMMS 패키지 도입을 위해 협의할 것이라면 우선 광고나 제안서를 검토해보는 것이 좋다. 이러한 검토를 통해서 CMMS의 표준 기반을 이해할 수 있을 것이다. 다양한 규격의 시스템들이 모두 같은 기능을 가지고 있는데도 가격 차이는 클 것이다. 동일한 기능을 가지고 있는데도 가격 차이가 나는 것은 소프트웨어가 업무를 처리하는 방법 때문이다. 다음과 같은 질문들을 해보자.

- 하나의 작업 지시서를 등록하는 데 키 입력을 몇 번 해야 하는가?
- 하나의 기능을 사용하기 위해 평균적으로 얼마나 많은 참조 화면을 열어보아야 하는가?
- 원하는 결과들을 얻기 위해서 수작업으로 처리해야 하는 데이터 양은 얼마나 되는가?

상기와 같은 질문의 답에 따라 패키지의 가격 차이가 날 것이다. 대부분의 중요 기능들은 시스템 내부에 표준화되어 있지만 사용자들이 직접 조작해야 하는 단계들은 매우 다양화되어 있다.

차세대 CMMS 패키지에는 다음과 같은 새로운 기능들이 포함될 것이다.

① 진보된 작업 일정 수립 기능이 포함될 것이다. 어떤 시스템은 단지 작업 지시서를 생성시켜 작업 백로그 목록만을 만들고 또 어떤 시스템은 정교한 스케줄링 연산 방식이 있어서 데이터를 분석하고 정리하여 최선의 일정을 수립하기도 한다. 차세대 CMMS 패키지는 사용자가 스케줄링 변수들을 정의하고 정의된 스케줄링 룰에 따라 각 공장별로 우선순위에 의한 일정 계획이 수립될 것이다. 이런 방법으로 작업 일정을 수립하게 되면 작업 효율을 높이게 되어 보전 생산성을 극대화시킬 수 있다. 차세대 CMMS의 진보된 작업 일정 수립 기능은 스케줄링 변수에 의해 일정 계획을 수립하기 때문에 MRP, MRPⅡ, JIT, CIM 환경에서 보다 활용성이 뛰어난 일정 계획을 수립할 수 있다.

② 분석 보고서가 기존 보고서를 대체하게 될 것이다. 이전의 보고서들은 대부분 단순한 목록만 제공하였으나 차세대 CMMS의 보고서들은 문제 보고서, 통계 분석 및 최적화 보고서들로 의미 있는 정보를 제공할 것이다.

③ 예지 보전 기능이 강화될 것이다. CMMS 업체들은 기존의 예지 보전 기능을 강화하기 위해 많은 투자를 하고 있다. 예지 보전 기능을 탑재하면 설비 상태를 감시하고 있다가 설비의 이상이 감지될 경우 즉시 작업 지시서를 생성하게 하여 설비가 고장 나기 전에 정비할 수 있도록 해준다. 이미 이런 예지 보전 기능을 가진 CMMS가 나와 있다.

④ 인터페이스에서 인티그레이션으로 개념적인 발전이 있을 것이다. 대부분의 CMMS 업체들은 CMMS 패키지를 다른 소프트웨어 패키지와 통합이 가능하다고 하지만 실제로는 대부분 통합이 아닌 인터페이스가 가능하다라는 것이다. 인터페이스란 두 시스템 간의 데이터의 교환으로 일반적으로 일괄 처리된다. 그러나 인티그레이션은 두 시스템간의 데이터의 실시간 이동을 말한다. 각 시스템은 일괄 처리 같은 어떤 처리 과정을 기다리지 않고 즉시 데이터에 반응한다. 이전의 시스템보다는 차세대 CMMS가 데이터를 통합시키는 데 더욱 쉽고 빠를 것이다. 아직은 거의 대부분의 CMMS 패키지들이 인터페이스만을 제공하고 있고 인티그레이션 모델을 가지고 있는 차세대 CMMS는 극소수에 불과하기 때문에 인터페이스보다 인티그레이션에 훨씬 비용이 많이 든다. 따라서 지금은 무조건 인티그레이션을 하기보다는 과연 인티그레이션이 필요한가를 따져볼 필요가 있다.

시스템 개발 도구와 관련한 전문 용어들에는 4th GL, RDBMS, 사용자 인터페이스 등이 있다. CMMS를 도입할 때 이러한 용어들은 어떠한 의미가 있는 것일까?

4th GL(4세대 언어)은 현재 주류를 이루고 사용되는 컴퓨터 언어들로서 이전의 3세대 언어들보다 여러 면에서 뛰어나다. 예를 들어 4세대 언어로 시스템을 개발하는 것이 3세대 언어로 개발하는 것보다 대략 10배 정도 빠르다. 이 때문에 CMMS 개발 업체는 패키지를 개발하고 유지하며 새로운 기능을 추가하는 것을 과거보다 매우 빨리 할 수 있다. 이것은 중요한 이점인데 개발자가 새로운 기술들을 빠르게 적용할 수 있기 때문이다. 전문가들도 4세대 언어는 다음과 같은 이점들이 있다고 한다.

① 프로그램에 대한 유지보수가 용이하다.
② 프로그램의 오류를 찾고 수정하기가 용이하다.
③ 사용하기 쉬운 프로그램을 제공할 수 있다.
④ 하드웨어나 운영체제 등 사용 환경에 제한받지 않는 프로그램을 개발할 수 있다.

4세대 언어가 동작 속도가 느리고 개발된 응용 프로그램도 COBOL, FORTRAN, PASCAL 같은 3세대 언어보다 느리다고 할 수도 있다. 그러나 이러한 단순한 비교는 무의미하다. 4세대 언어로 개발된 시스템과 동일한 기능을 3세대 언어로 구현하려면 프로그래밍 코딩을 더 많이 해야 하기 때문이다. 그러나 앞서 살펴본 것처럼 4세대 언어가 갖는 장점 때문에 CMMS 패키지 선정 시 어떠한 개발 언어로 시스템이 개발되었는가 하는 것도 고려해야 할 사항이다.

User Interface(사용자 인터페이스)는 또 다른 기술적인 전문 용어이다. 사용자 인터페이스란 사용자가 직접 보며 조작하는 도구를 말한다. 화면이나 보고서 같은 것들이 대표적인 사용자 인터페이스이다. 사용자 인터페이스에는 팝업 창이나 Drop Down Box, Radio Button 같은 선택 창, 터치 스크린, 그래픽 등의 기술들이 사용된다. 이들 기술을 사용한 사용자 인터페이스에는 여러 가지 이점이 있다. 팝업 창은 사용자가 입력해야 할 데이터를 별도의 창에서 보여주고 선택하게 함으로 사용자들이 매뉴얼이나 코드집 같은 별도의 자료를 가지고 있지 않아도 쉽게 데이터를 입력할 수 있게 해준다. 또 팝업 창은 시스템 메시지, 다른 사용자가 보내는 메시지, 다른 프로그램에서 오는 정보들을 보여주는 데 사용되기도 한다.

선택 창은 사용자에게 단순한 질문에 대한 답을 입력받을 때 사용된다. 선택할 수 있는 데이터 사이로 이동하면서 원하는 데이터를 선택하면 별도의 데이터 타이핑 없이 입력이 가능하게 된다. 이러한 기능을 사용하면 데이터 타이핑에 따른 오류를 예방할 수 있고 사용자는 타이핑 분량이 줄어들게 된다. 팝업 창이나 선택 창 같은 것은 4세대 언어로 작성된 프로그램의 트레이드 마크이다.

터치 스크린 기술은 오래 전부터 사용되어 왔으나 최근 스마트 폰의 영향으로 여러 분야에 활발히 사용되고 있으며 CMMS 분야에도 적용되고 있다. 터치 스크린을 적용하면 화면을 터치하여 메뉴를 선택하고 질문에 답하며 데이터를 입력할 수 있게 된다. 이 기술은 소프트웨어 기능보다는 하드웨어에 관련된 기술이기 때문에 대부분의 시스템에서 별다른 무리 없이 적용이 가능하다. 그렇지만 터치 스크린을 사용하려면 일반적으로 개발된 화면을 사용하는 데는 무리가 있다. 터치를 쉽게 할 수 있게 구성된 화면이라야 터치 스크린 기술을 제대로 활용할 수 있을 것이다. 터치 스크린 기술을 적용한 예를 들면 화면에 공장 전체 배치도를 표시하고 원하는 영역을 터치하면 터치한 영역이 확대되어 보이면서 그 영역의 설비들이 심볼로 표시된다. 찾고자 하는 설비의 심볼을 터치하면 터치된 설비의 정보가 표시된다. 표시된 정보 중에서 수리 요청된 내역을 터치하여 승인하고 작업 지시서를 생성한다. 이렇게 터치만으로 작업 지시서를 생성할 수 있고 설비 이력이나 작업 진행 상황들을 볼 수 있어야 터치 스크린 기술을 제대로 적용한 시스템일 것이다. 이렇게 터치 스크린을 이용하면 사용이 편리하기 때문에 시스템의 이용률은 아주 높아질 수밖에 없을 것이다.

터치 스크린 기술의 단점은 생산 현장에서 사용할 경우 터치하는 손이나 도구들에 의해 화면이 오염되거나 손상되는 것이다. 이로 인해 시스템이 정상적인 동작을 할 수 없게 되어 수리에 시간과 비용을 낭비하게 된다. 터치 스크린 기술이 광범위하게 생산 현장에까지 쓰이려면 현장 환경이 먼저 개선되어야 할 것이다.

설비 보전 정보를 그래픽으로 표시하는 기술도 차세대 CMMS의 특징이 될 것이다. 숫자로 정보를 제공하는 시대가 끝나고 그래픽으로 정보를 표시하는 시대가 올 것이다. 예를 들어 지난 6개월 동안의 고장 시간을 그래프로 보는 것이 목록으로 보는 것보다 훨씬 쉬울 것이다. 수많은 페이지의 목록보다 그래프와 차트를 이용해서 만든 보고서가 훨씬 더 효과적으로 관리에 활용될 것이다. 이제 그래픽은 CMMS의 기본적인 요구 사항이 될 것이다.

플랫폼 독립(Platform Independence) 기술도 많이 사용되고 있는 전문 용어이다. 플랫폼 독립이란 소프트웨어 패키지가 어떤 하드웨어 플랫폼에서도 수정 없이 실행이 가능하다는 것을 의미한다. 플랫폼 독립 기술을 통해 CMMS는 어떠한 컴퓨터 시스템에서도 개발되며 프로그래밍의 수정 없이 다른 시스템으로 이식이 가능하다. 가장 단순하게 한 대의 PC와 서버를 네트워크로 연결하면 CMMS 패키지 사용이 가능하게 되었으며 이러한 구성이면 어떠한 플랫폼에서나 동일한 프로그램을 사용할 수 있게 된 것이다. 즉 CMMS 업체는 하드웨어 플랫폼에 따라 별도의 CMMS 패키지를 개발할 필요가 없게 되었다. 이 기술의 이점은 사용자가 어떠한 하드웨어를 사용하더라도 동일한 CMMS 패키지를 사용할 수 있다는 것이다. 즉 사용자의 하드웨어 환경이 어떠하든 동일한 화면, 동일한 보고서, 동일한 처리 프로세스로 시스템 운용이 가능하다는 것이다. 예를 들어 공장의 규모가 커져 더 이상 기존의 하드웨어로서는 시스템 운영이 불가능하여 규모가 더 큰 하드웨어로 교체할 경우 사용자들에게 하드웨어 교체에 따른 시스템 운영 중지나 사용자에 대한 별도의 추가 교육 없이도 시스템을 연속적으로 사용할 수 있다는 것이다. 작은 규모로 시스템을 도입하여 점점 크게 확장하려는 기업에서는 아주 매력적인 기술일 것이다. 이러한 플랫폼 독립 기술은 대부분 4세대 언어가 지원한다. 실제로 ORACLE은 55개의 다른 플랫폼에서 실행된다고 한다.

SQL(Structure Query Language)도 CMMS를 도입하고자 할 때 알아두어야 할 또 다른 전문 기술 용어이다. SQL은 데이터베이스와 자료 구조의 표준이다. SQL을 이용하여 여러 시스템으로부터 오는 데이터들을 저장하고 저장된 데이터 중에서 원하는 조건에 맞는 데이터들을 조회할 수 있다. 즉 SQL은 데이터를 저장, 수정, 삭제, 조회하는 데이터 관리 도구라 할 수 있다. 어떤 사람들은 미래에는 SQL이 여러 부서들 간의 상호 소통 도구가 될 수 있을 것이라고 하고 있다. SQL의 호환성은 CMMS 패키지를 고르는 데 하나의 중요한 요인이 될 것이다. 4세대 언어들은 최근 SQL의 호환성이 60% 이상이고 가까운 미래에는 SQL 호환성이 100%가 될 것이다. 이런 트랜드는 정보 자동화 흐름을 위한 다른 패키지들과의 통합을 고려할 때 하나의 중요한 기술 요소가 될 것이다.

미래에는 오늘날 우리에게 없는 CMMS가 사용될 것인데 이와 관련하여 다음과 같은 내용들이 개발 업체에서 검토되고 있다.

- 인공지능 혹은 전문가 시스템
- 조직 간 환경 차이 증대
- 더욱 복잡하고 향상된 하드웨어와 소프트웨어의 조합

인공지능이나 전문가 시스템에는 여러 가지 의미가 있지만 CMMS에서는 고장을 발견하고 설비를 정비하는 데 좋은 도구라는 의미가 있다. 예를 들면 어떤 설비 부품에 문제가 지속적으로 나타나면 CMMS의 인공지능이나 전문가 시스템이 해당 유형의 설비에서 나타나는 징후들을 종합적으로 분석하여 해결 방안을 찾아낼 수 있다. 고장에는 원인이 있고 원인이 밝혀지면 그에 적합한 조치를 취할 수 있기 때문이다. 이러한 특성을 이용하여 시스템의 기능이 개발된다면 매우 유용하게 사용될 것이다.

기업은 기업의 발전을 위해 TPM, MRP, MRP Ⅱ, CIM, JIT 같은 다양한 관리 기법이나 정책, 프로젝트들을 실행한다. 정보 시스템을 이용하면 보다 완벽하게 이런 것들을 적용할 수 있게 된다. 발전을 위한 데이터 수집과 사용자 인터페이스의 개발은 기업 혁신을 위한 도전이 될 것이며 관심 있게 지켜볼 분야이다.

하드웨어와 소프트웨어 운영체제들과 시스템 개발 도구의 발전 속도는 매우 빠르다. IBM-PC를 보면 최초의 XT에서 AT, 386, 486을 거쳐 최근의 i7까지의 발전은 비교적 단기간에 일어났지만 가격적인 측면에서의 발전은 기능적인 발전 속도보다 엄청나게 빠르다. 과거 대형 컴퓨터를 이용하여 오랜 시간 작업해야 했던 업무들이 이제는 PC에서 간단하게 처리할 수 있다. 미래에는 더 발전된 CPU와 프로세서들로 만들어진 새로운 컴퓨터들과 새로운 소프트웨어 언어들을 사용하게 것이다. CMMS가 이런 기술들을 어떻게 적용하고 발전해 나갈지를 생각하는 것은 매우 흥미롭다.

결론적으로 설비 보전 관리에 대한 중요성이 인식되고 있기 때문에 이제는 CMMS 시장이 성숙 중인 것으로 보인다. 미래의 공장, 세계 시장의 경쟁, TPM, MRP, MRP Ⅱ, JIT 등의 환경들이 보전 부서에 요구하는 것들을 잘 감당하기 위해서는 CMMS의 도입과 효율적인 운영이 중요하게 되었다. CMMS 개발 업체들은 세계 최고 수준에 적합하게 소프트웨어 품질을 향상시키고 있으며 보전 부서도 설비 보전 관리가 발전될 수 있도록 노력해야 한다.

CMMS의 현재 추세를 살펴 보면 다음과 같은 몇 가지 영역에 집중하고 있는 것을 발견하게 된다.

① TPM의 지원
② 예지 보전 시스템 적용
③ 전문가 시스템의 활용
④ CAD 및 이미지 시스템과의 인터페이스
⑤ 생산 스케줄링 시스템(MRP, MRPⅡ)과의 인터페이스

TPM의 지원

설비 보전 관리의 현재 트랜드 중의 하나도 TPM 활동에 중점을 두는 것이다. TPM은 설비 운영에 관계되는 여러 부서를 통합시켜 준다. TPM의 가장 핵심 되는 사상은 설비 종합 효율의 향상이다. 설비 종합 효율의 향상을 위해 설비의 시간 가동률, 성능 가동률, 양품율이 향상되어야 한다. 설비 종합 효율은 대부분의 시스템에서 데이터를 입력 받아서 처리하지만 CMMS에서는 생산 일정 관리 시스템과 인터페이스하여 별도의 입력 없이 처리가 가능하여 보전 담당자들의 CMMS 활용도를 증가시키게 된다. 이런 이유로 CMMS는 사용하기 쉬워야 하며 담당자들이 데이터 입력과 분석하는 데 시스템을 불편 없이 사용할 수 있어야 한다.

예지 보전 시스템 적용

예지 보전 시스템에서 오는 데이터를 CMMS로 바로 보내야 할 경우에는 인터페이스가 필요하다. 최근에 나오는 인터페이스 기능에는 예지 보전 시스템으로부터 현재 모니터링 되고 있는 설비 상태를 기반으로 하여 예방 점검 요청을 자동으로 생성하는 기능도 있고 설비 상태가 관리 한계치를 넘어서는 경우 자동으로 고장 수리 작업 지시서를 생성하는 기능도 있다. 미래의 CMMS는 이러한 예지 보전 시스템과의 인터페이스에서 더 발전하여 설비의 PLC와 실시간으로 인터페이스하여 PLC의 데이터를 기

반으로 하여 예방 점검이나 고장 수리 작업지시를 자동으로 생성하게 될 것이다.

전문가 시스템의 활용

현재 몇몇 CMMS 패키지들에는 문제 해결 가이드나 테이블을 초보적인 전문가 시스템 형태로 제공하고 있다. 미래에는 아마 설비 이력 데이터와 조합하여 고장 확률과 통계적 분석이 가능하게 될 것이고 문제 해결이나 전문가 시스템과의 인터페이스를 개발하여 작업자와 엔지니어에게 설비 보전 관리의 강력한 도구로 제공하게 될 것이다.

CAD 및 이미지 시스템과의 인터페이스

일부 CMMS 패키지는 CAD 시스템과의 인터페이스를 제공한다. CAD 프로그램은 이제 점점 더 사용하기는 편해지는 반면 시스템은 복잡해지고 있다. 이에 따라 새로워진 인터페이스는 도면을 설비 정보와 직접 연결시켜주어 빠르고 쉽게 도면 정보에 접근할 수 있게 해준다. 이미지 시스템과의 인터페이스를 사용함으로써 도면뿐만 아니라 부품 정보, 설비 매뉴얼, 기타 기술 정보 등도 관리할 수 있게 되었다. 작업자들은 기술 정보를 얻기 위해 더 이상 시간을 허비하지 않고 CMMS를 통해 필요한 기술 정보에 접근할 수 있게 되었다. 이러한 기술 정보의 편리한 접근성은 설비 보전 생산성 향상에 크게 기여한다.

생산 스케줄링 시스템과의 인터페이스

생산 스케줄링 시스템과의 인터페이스는 아주 복잡한데 최소 95% 이상으로 보전 작업 일정 계획이 정확하게 수립되어야 하며 아주 우수한 MRP나 MRPⅡ 스케줄링 시스템이 있어야 한다. 소수의 기업들만이 MRP나 MRPⅡ 구현에 성공하였고 높은 수준의 설비 보전 관리에 성공한 보전 조직은 더 적기 때문에 사실상 생산 스케줄링 시스템과의 인터페이스는 찾아보기가 어렵다. 지금껏 많은 노력을 기울였음에도 불구하고 생산과 설비 보전 양쪽 모두 일정 수준 이상에 도달하는 기업은 극히 드물었다. 그러나 미래에는 보다 완벽한 제조 환경을 갖추게 될 것이고 그에 따라 생산 스케줄링 시스템과의 인터페이스도 대부분의 CMMS가 하게 될 것이다.

마지막으로 ISO-9000과 설비 보전 관리와의 관계에 대해 알아본다. ISO-9000은 국제 표준화 기구(ISO)가 품질 보증의 척도로 제정하는 국제 표준 품질 규격으로 주로 유럽 시장에서 통용되는 표준이다. ISO-9000의 세부 지침들은 다음과 같다.

- ISO-9000: 품질 관리 및 품질 보증의 규격 선택, 사용을 위한 일반 지침
- ISO-9001: 설계, 개발, 생산, 설비, 서비스에 대한 표준 규격
- ISO-9002: 생산, 설비, 서비스에 대한 표준 규격
- ISO-9003: 최종 검사 및 시험에 대한 표준 규격
- ISO-9004: 품질 관리 및 품질 체계의 요소에 대한 지침

국제 표준 품질 규격을 준수한다는 것은 기업의 제품이 높은 수준의 품질 표준에 적합하다는 것을 보증한다는 것이다. ISO-9000에는 설비 보전에 대한 지침도 있는데 정상 상태의 설비가 품질 표준에 적합한 제품을 생산할 수 있기 때문이다. 예를 들면 베어링이 마모되어 표준 오차 범위를 벗어나면 생산되는 제품도 품질 표준을 벗어나게 될 것이다. 그러나 이런 것을 가르치려고 ISO-9000이 필요한 것은 아니다. ISO-9000 측면에서 보면 생산 프로세서가 관리되고 있음을 증명하는 문서나 이런 기록을 보존하는 것이 간과되고 있다. 예를 들어 ISO-9004는 생산 활동에 관여된 모든 측정 장비나 시험 장비에 대한 검, 교정과 인증에 대한 표준을 제시하고 있다. 이 표준은 검사 장비의 식별, 재교정 일정, 리콜 절차, 교정 방법, 검사 장비의 설치 및 사용에 대해 반드시 확인해볼 것을 강조하고 있다. 또한 검사 장비가 사용 한계를 벗어났을 경우 반드시 원인을 규명하고 재발 방지를 위한 예방책을 마련하도록 하고 있다.

생산 공정과 생산 설비 역시 ISO-9004 표준에 포함되어 있다. 이 표준에 의하면 지속적인 공정 능력을 보증하기 위해서 반드시 예방 보전 프로그램을 갖추도록 하고 있다. ISO-9000 심사관인 브라이언 로서리는 그의 책 〈ISO-9000〉에서 이렇게 말했다. "ISO-

9000에 관한 한 예방 보전 프로그램 없이는 그 누구도 만족할 만한 품질 수준으로 공장 운영을 할 수 없다는 것은 매우 중요한 사실이다." 지금도 수많은 기업들이 새로운 데이터를 생성하는 지속적인 프로세스에 대한 정의 없이 문서만 가지고 ISO-9000 심사관에게 몰려 든다. 기본적인 설비 보전 관리 시스템은 그것이 수작업 시스템이든 전산 시스템이든 관계없이 ISO-9000 인증을 받으려면 절대적으로 필요한 것이다. 단순히 문서만 준비해서는 ISO-9000 인증을 받을 수 없다. 또한 ISO-9000 인증을 받은 기업들은 인증을 유지하는데도 힘써야 한다. ISO-9000은 주기적으로 다시 인증을 받아야 하기 때문이다.

ISO-9000 표준에 대한 교육도 설비 보전과 관계가 있다. 설비 오퍼레이터와 보전 작업자 모두 ISO-9000 표준들을 이해하기 위한 교육을 받아야 하기 때문이다. 또한 작업자들은 작업 수행에 사용하는 장비, 도구, 설비에 대한 작동법과 유지보수 방법에 대한 교육과 훈련도 받아야 한다. 이렇게 교육을 통한 작업자에 대한 인증도 필요하다.

경기가 어려워지면서 기업은 우선적으로 보전 부서를 포함하여 모든 부서의 인원을 감축시켜 왔는데 이에 따라 최소한의 인원으로 설비에 대한 보전 활동과 ISO-9000 인증을 유지해야 하는 문제에 직면하게 되었다. 기업과 관리자들은 실질적으로 설비 보전 관리를 통하여 ISO-9000 표준을 지키도록 노력해야지 단순히 ISO-9000 인증을 유지하기 위한 문서만을 만들어서는 안될 것이다.

마치고 나서

CMMS의 생존 방안

설비 관리 시스템을 도입하고 난 이후 이 시스템이 사장되지 않고 제 역할을 다하며 운영되는 과정 중에 많은 문제에 직면하게 된다. 많은 설비 관리 시스템은 구축 단계에서 실패하기도 하지만 놀랄 만큼 많은 수의 설비 관리 시스템이 구축에는 성공하였으나 아이러니하게도 유지보수 관리 시스템인 CMMS가 스스로는 유지보수가 되지 않아 사장되기도 하고 시스템의 정상적인 운영을 유지하는 프로세스가 없어서 사장되기도 한다.

이러한 문제들은 시스템의 선택 단계나 구축 단계뿐만 아니라 시스템을 구축하고 나서도 일어난다. 이러한 문제들을 잘 관리하는 것이 CMMS의 성공적인 운영을 보장하는 것은 아니지만 이러한 문제들에 대한 관리의 실패는 CMMS 운영의 실패로 이어진다.

벤더의 지원

설비와 관련된 모든 조직은 CMMS의 전 영역이나 일부분에 걸쳐 전문가 수준의 사용자를 양성해야 한다. 이 사용자들의 수준은 교육, 훈련, 관심, 관리 정책, 사용 편의성 등 다양한 요인에 따라 결정된다. CMMS가 지속적으로 운영되기 위해서는 사용자들이 시스템을 유지하고 변화하는 업무 요구 사항을 충족하기 위해 시스템을 변경해야 할 필요가 발생할 때 이를 처리해줄 사람이 있어야 한다.

만약 시스템이 구축 단계라면 CMMS 벤더의 지원이 보다 더 중요해진다. 대부분의 벤더는 다양한 지원 수단을 가지고 있다. 적절한 지원 관리는 성공적으로 CMMS를 운영하기 위한 절대적인 조건이다 벤더의 지원은 크게 사전 지원, 사후 지원 2단계로 구분된다.

사전 지원은 시스템을 구매하기 전 영업 단계에서의 지원을 말한다. 구매하기 전 데모나 프로토타입, 하드웨어, 소프트웨어 인터페이스 등에서 발생한 문제나 그 밖의 기술적인 문제가 발생하였을 때 벤더로부터 사전 지원을 받을 수 있으며 구매 후보다 사전 지원을 받는 것이 유리하다. 통상 사전 지원은 무료로 지원된다.

사후 지원은 구매 후부터 시작된다. 벤더들은 통상적으로 몇 가지 등급으로 지원을 하는데 예를 들면 bronze, silver, gold, platinum 등이다. 등급이 올라가면 가격도 올라가며 지원받을 수 있는 범위도 커진다. 예를 들면 Platinum 등급은 365일 24시간 고급 기술자의 지원이 가능한 것을 말한다.

지원의 수준은 신중히 결정해야 한다. 시스템 구축 단계는 시스템 전 생애에 걸쳐 최고 등급의 지원이 필요할 것이지만 시스템이 안정화되면 중간 단계의 지원이면 충분할 것이다. 지원 등급의 차이는 곧 비용의 차이이며 무엇을 위해 비용을 지불할 것인지를 확실히 해야 한다. 24시간 즉시 지원받는 것보다는 대체적으로 다음날 지원받는 것이 비용이 저렴한 것은 자명한 일이다.

등급을 결정하기 위해 가장 좋은 방법은 지원 받은 기록을 살펴 다음과 같은 사항들을 확인해봐야 한다. 담당자와 연락 가능한가? 연락된 담당자가 문제를 해결해줄 수 있는가? 적시에 지원이 가능한가? 다른 벤더로부터 지원받을 수는 없는가? 정말로 각 지원 등급 간에 차이가 있는가? 단지 같은 지원을 받으며 비용만 더 지불하고 있지는 않은가? 등 이다. 또한 시스템 생애 주기의 변화에 따라서도 지원 등급 문제를 다시 검토할 필요가 있다.

사후 지원은 정기 지원과 긴급 지원 두 가지 형태가 있다. 정기 지원을 위해서는 원활한 지원을 받을 수 있게 다음과 같은 액션 플랜이나 절차를 사전에 마련해 두어야 한다.

1. 지원 받을 계획 수립
2. 지원 범위 및 보수료에 대한 사전 협의
3. 지원 결과에 대한 습득 방안 마련

CMMS 시스템이 작동을 멈춘 긴급 지원의 경우는 보수 담당자에게 다음과 같이 연락을 취해야 한다.

1. 회사명, 제품 번호 등 지원에 필요한 정보
2. 보수료 지불에 대한 정보
3. 지원 가능한 담당자의 확보

어떤 지원을 받을 것인가는 상황에 따라 선택해야 한다. 이 상황이란 시스템을 정상 가동시켜야 할 때까지 얼마나 시간적 여유를 가질 수 있나 라는 것이 될 수 있다. 야간이나 주말에는 긴급 지원을 받기가 어려울 것이며 벤더의 업무 시간 중에 지원을 받을 수 있을 것이다. 종종 지원 담당자가 경험이 많지 않은 경우에는 다른 담당자의 지원이 필요할 것이다.

정기 지원의 경우 지원 시간을 사전에 정할 수 있는데 생산 활동이 없는 시간 즉, 설비가 가동되지 않는 시간에 정기 지원을 받는 것이 유리하다. 이렇게 하는 것이 문제 해결을 하기 위한 보다 나은 기회를 제공하기 때문이다.

지원과 훈련에는 근본적인 차이가 있다. 그러나 과잉 관리로 인해 지원과 훈련이 혼란스러워질 수 있다. 지원은 설비 관리 활동 중 발생하는 문제점에 대한 해결책을 제시하는 것이지 해결책을 수행하는 것은 아니며 교육이 어떤 특정 문제 상황에 맞는 해결책을 수행할 수 있게 해 주는 것이다. 즉 지원은 기본적인 업무 영역을 벗어난 것이고 훈련은 시스템을 원활하고 정상적으로 운영하기 위한 투자로 장기적인 보상이 따르게 된다. 만약 벤더에서 지원한 차량을 훈련용으로 사용한다면 벤더는 즉시 차량 지원을 중단할 것이다.

데이터 수집

데이터 수집이란 CMMS를 위해 정보를 모으는 것을 말한다. 데이터는 정확하게 수집되어야 하며 정보의 입력은 적시에 이루어져야 한다. CMMS가 값어치 있게 유지되기 위해서는 데이터 수집과 입력이 지속적으로 이루어져야 한다. 잘 정의된 데이터 수집 프로세서가 없는 시스템은 쓸모가 없다. CMMS는 데이터로 유지된다는 것을 명심해야 한다.

종종 완료된 작업에 대한 정보의 입력이 늦어지는 것을 본다. 이러한 경우 성과에 대해 잘못된 평가를 하게 되고 수리 자재 부족 등 또 다른 문제들을 야기시킨다. 이러한 문제를 해결하기 위해 바코드나 RFID 리더기 등과 같은 자동 데이터 수집 장치를 사용하면 되지만 현장에 적합한 자동 데이터 수집 프로세서 없이는 유용성이 떨어지게 된다.

데이터의 품질

CMMS를 포함한 대부분의 시스템은 부실한 정보가 입력되면 부실한 결과물을 만들어내게 된다(Garbage in, Garbage out). 많은 CMMS가 잘못된 정보 입력으로 인해 잘못된 결과를 만들어내어 사용자들에게 만족을 주지 못해서 시스템 운영이 중단된다. 데이터의 품질은 지속적으로 검증되어야 하는데 이러한 검증은 시스템이 구축되고 난 이후에만 필요한 것이 아니다. 성공적으로 운영되는 시스템은 시스템의 전 생애에 걸쳐서 데이터 품질에 대해 검증하고 개선을 지속적으로 수행하고 있다. 데이터 품질을 확보하는 작업은 많은 자료의 검토, 사용자 검토, 사용자 그룹 미팅, TPM 도표, 운영 위원회, 시스템 관리자의 마인드, 컨설팅 수행, 시스템 성능 평가, 시스템 감사 등 여러 형태로 나타나게 된다.

또한 가장 적합한 예산 범위 내에서 시스템 생애 동안 데이터의 품질을 충족하는 것도 매우 중요하다.

하드웨어, 통신, 시스템 소프트웨어의 지원

하드웨어, 통신, 시스템 차원의 소프트웨어들이 반드시 CMMS가 동작하기 위한 환경을 만들어 주어야만 시스템의 동작이 가능하게 된다. 이 중 어떤 것이라도 고장 나면 CMMS의 작동이 중단될 것이다. 서버, 운영체제, PC나 기타 필요한 장비들의 고장에 대비한 계획이 수립되어 있어야 한다. 규모가 큰 기업의 경우 이러한 하드웨어를 수리하고 보수하는 부서가 별도로 있지만 대부분 대형 서버의 복구 등과 같은 기술적으로 복잡한 업무는 하청으로 처리한다. 이러한 하청에 의한 기술 지원의 경우 조치 대응 시간, 유지보수 계약 기간 등을 옵션으로 하여 하청 계약이 체결된다. 하청 업체는 하드웨어 복구에 필요한 부품의 재고를 보유하는 비용을 부담하게 된다.

클라이언트/서버 환경이 주는 기술적 이점과 더불어 퍼스널컴퓨팅 환경의 발전은 시스템 유지보수에 다양한 방법의 도입을 가능하게 해 주었다. 일반적으로 서버나 워크스테이션, 프린터 등 중요하고 고도의 기술이 필요로 하는 하드웨어에 대해서는 하청으로 처리하고 PC나 시스템 관리, 컴퓨터가 탑재된 단순한 장비의 수리와 보수는 자체적으로 처리하고 있다.

시스템의 중요도, 선택 가능한 옵션, 예산 범위, 기술력 등을 고려하여 하드웨어에 대한 지원 방법을 결정하는 것이 좋다. 하드웨어에 대한 유지보수는 시스템의 생애 동안 계속 검토되어야 하는데 이것은 사용자의 요구 사항이 변하기 때문이다.

시스템 레벨 소프트웨어에 대한 유지보수는 운영체제, 데이터베이스, CMMS 프로그램, 일반적인 하드웨어 플랫폼에 크게 좌우된다. 특히 CMMS, 데이터베이스나 운영체제의 업그레이드 시 시스템 레벨 소프트웨어에 대한 유지보수가 필요하다. 버전이 바뀌면 여러 단계의 설정 파일의 조정이 불가피하다. 이 설정 파일이 제대로 조정되지 않는다면 시스템은 동작은 하지만 그 효율은 많이 떨어지게 된다. CMMS 벤더들은 대부분 제품을 업그레이드할 때 어떻게 해야 하는지에 대한 지침도 같이 제공하고 있다. 기술이나 도구, 부품들은 필요한 수리나 유지보수를 하기에 충분하게 확보되어 있어야 할 것이다.

교육 훈련

교육 훈련은 시스템 구축 기간 동안 제한 없이 시행되어야 한다. 시스템에 대한 지속적인 교육은 시스템을 적절하게 사용할 수 있도록 해주며 사용자들에게 더 많은 신뢰를 줄 수 있다. 또한 교육 훈련은 업무 프로세스에 대한 개선을 유도하며 사용자로부터 시스템 기능의 향상에 대한 아이디어를 제공하게 해준다. 새로운 버전의 CMMS가 설치되면 사용자뿐만 아니라 관련 부서에까지 교육 훈련이 필요하다. 교육 훈련에는 종종 시간과 비용이 문제가 되기도 하지만 시스템의 성공적인 운영을 위해서는 전산 시스템이든 전산 시스템이 아니든 공격적이고 장기적인 교육 훈련 프로그램의 운영은 절대적으로 필요하다.

사용자의 확충

시스템 사용자를 늘려가는 것은 CMMS의 성공적인 운영에 가장 중요한 요소라 할 수 있다. 그러나 사용자를 늘려가는 것은 가장 어려운 일 중에 하나이다. 따라서 보전 부서 사용자뿐만 아니라 관련 부서 사용자들에 대한 지원은 매우 중요한 관리 사항이다. 시스템 사용자를 늘려나가기 위해서는 시스템이 하는 일에 대해 지속적으로 사용자와 의사소통을 해야 하며 시스템 사용에 대한 이점을 관련 부서와 담당자에게 알려 주어야 한다. 그리고 이 모든 일에 있어 중요한 것은 현실적인 계획이 있어야 한다는 점이다.

요약하면 CMMS에 대한 유지보수를 소홀히 하면 CMMS 생존에 위험 요소가 될 수 있다. 그러나 이 위험 요소에 대한 효과적인 관리는 CMMS의 운영과 조직의 이익을 향상시키고 유지될 수 있게 할 것이다. 이러한 관리가 CMMS의 성공을 보장하지는 않지만 CMMS의 유지보수에 대한 관리를 소홀히 하면 CMMS 운영은 반드시 실패하게 될 것이다.

CMMS의 운영

CMMS는 지속적인 관리와 주의가 필요하다. CMMS의 생존을 위해 해야 할 일들은 다음과 같다.

사용자 관리나 보안 시스템은 대체적으로 설계와 구축이 어려울 수 있다. 시스템에 대한 보안 정책과 사용자들이 시스템 기능을 최대한 사용할 수 있도록 해주는 것 사이에는 적절한 균형이 필요하다. 시스템의 라이프사이클이 변경되면 시스템 보안 정책에도 적절한 변경이 필요한데 새로운 사용자에 대해 시스템 접근을 허용할 때, 시스템의 변경된 부분에 대한 사용자들의 접근을 허용할 때, 특정 사용자에 대해 시스템의 접근 권한을 취소할 때에는 보안 시스템에 대한 갱신이 필요하다.

보안 시스템은 통상적으로 시스템 구축 시 설치되고 운영 중에는 신속한 조정 기능이 필요하다. 만약 보안 기능을 제공하기 위하여 외부의 도움을 받는 경우 필요한 서비스 수준을 확보해야 한다. 또한 자체적으로 보안 기능을 수행할 경우 항시 백업을 해두어야 하며 한 사람 이상이 패스워드를 알고 있어야 하며 시스템을 관리할 수 있는 있는 사람도 한 사람 이상이 있어야 한다.

백업과 복구 프로시저도 중요한 CMMS 운영 요소이다. 시스템의 장애 복구 프로시저는 시스템 구현 단계부터 시스템의 가동이 정지될 때까지 엄격히 지켜 수행되어야 한다. 백업 주기는 데이터의 손실의 위험 정도와 데이터 손실로 인한 사용자의 불편함의 정도에 따라 결정하면 된다. 많이 사용되는 시스템은 매일 백업하거나 실시간 백업(미러링) 시스템을 갖추도록 한다. 일반 시스템은 주간 단위로 백업을 하면 된다. 백업 프로세스는 사전에 충분한 테스트를 해서 준비해두어야 한다.

시스템 이중화의 주 기술은 백업 프로시저가 완벽하게 작동하기 전에는 정상적인 복구를 못하게 하는 것이다. 불량 매체나 잘못된 파일 형식, 하드웨어 장치의 오류는 시스템의 장애를 유발하는 몇 가지 예이다. 백업과 복구 프로시저는 주요 하드웨어나 소프트웨어 요소들이 변경될 때마다 테스트를 해야 한다. 비록 CMMS에 무관한 소프트웨어 패키지를 설치하더라도 하드웨어나 소프트웨어 플랫폼에 영향을 줄 수 있고 이는 CMMS에도 영향을 미칠 수 있기 때문이다.

백업용 저장 장치는 장애 복구 계획에서 가장 주목되는 장비이다. 백업용 저장 장치는 화재, 침수, 번개, 파손에 의한 시스템 손상을 복구할 수 있게 해준다. 백업용 저장 장치가 없다면 시스템은 항상 위험에 노출되어 있다고 봐야 한다.

데이터베이스 관리는 시스템의 유지보수 항목 중 반드시 주기적으로 수행되어야 하는 항목이다. 주기는 시스템의 복잡성과 규모에 의해 결정된다. 규모가 큰 시스템의 경우는 데이터베이스 전문 담당자를 두어 데이터베이스의 구조, 튜닝, 성능 향상, 데이터 내용을 주기적으로 조정하도록 해야 한다. 규모가 작은 시스템이나 자주 사용되지 않는 시스템의 경우는 1년에 한번 정도 데이터베이스에 대한 관리를 수행하면 된다.

데이터 용량 제한은 모든 시스템에 다 존재한다. 데이터의 보관은 아주 지겨운 일로 언제든지 문제를 일으킬 여지가 충분히 있다. 시스템을 사용하면 디스크 공간, 애플리케이션, 데이터베이스 엔진 등이 한계에 도달할 때까지 데이터의 용량은 증가한다. 그리고 이러한 한계에 도달했을 때 적절한 조치가 취해지지 않으면 CMMS는 완전히 정지하게 된다. 따라서 이러한 한계들로 인해 문제가 발생하기 전에 반드시 대책을 마련해야 한다. 디스크 용량이나 데이터베이스의 여유 공간, 테이블스페이스, 테이블 유틸리제이션, 애플리케이션 레코드 한계, 데이터 용량의 한계치를 아는 것이 중요하며 이 한계가 시스템 어느 부분과 관련이 있는지도 알아야 할 것이다.

찾아보기

가용성 19
간접 비용 처리 108
개량 보전 40
개선 스테이지 69
계획 보전 207
계획 수립 효율 116
고장 손실 비용 절약 금액 151
고장 시간 197
공식 시간 78
과다 보전 31
과다 정비 97
관계형 처리 개체 209
관리 보고서 129
구매 비용 162
기술 인력 관리 29
기존 설비 유지보수 27
긴급 정비 37
데이터 관리 188
데이터 입력 174
로드밸런싱 21
모니터 93
반복 고장 37

발전 스테이지 70
발주서 113
백로그 35
보고서 작성기 120
보전 관리 보고서 116
보전 관리 시스템 18
보전 관리 지표 214
보전 관리 평가 46
보전 부서 예산 39
보전비 217
보전 비용 41, 98
보전 비용 절감 139
보전성 19, 216
보전 업무 백로그 평가 49
보전 업무 전산화 88
보전 업무 책임 분석 48
보전 예산 편성 42
보전 인건비 절약 금액 143
보전 자재 관리 28
보전 자재 관리 평가 49
보전 작업 계획 73, 98
보전 작업 계획 방법 75

보전 작업 관리자 활동 평가 47
보전 작업 지시 81
보전 작업 효율 203, 217
보증 수리 비용 155
불량품 158
불확실 스테이지 67
비상 정비 37
비용 보고서 44
비용 정보 43
상태 감시 시스템 208
생산 스케줄링 시스템 228
설비 관리 시스템 17
설비 관심 체제 205
설비 대란 12
설비 별 보전 비용 118
설비 보전 196
설비 보전 관리 27
설비 보전 관리 시스템 11
설비 보전 관리 정책 30
설비 보전 관리 조직 61
설비 보전 관리 평가 45, 51
설비 부분품 관리 107
설비 사용량 갱신 115
설비 이력 35, 106, 118
설비 이력 정보 13
설비 점검 28
설비 정보 124
설비 종합 효율 215
설비 투자 비용 40
설비 폐기 비용 41
소프트웨어 분석 132
소프트웨어 설치 174

수리 자재 104
수리 자재 관리 109
수리 자재 구매 128
수리 자재비 절약 금액 146
수리 자재 사용 119
수리 자재 재고 23
수리 자재 재고 관리 112
수리 자재 재구매 112
수리 자재 정보 110
수리 자재 창고 관리 39
수리 자재 출고 109
수행 평가 45
스케줄링 툴 30
시스템 공급 업체 134
시스템 구축 131
시스템 구현 166
시스템 사용자 교육 175
시스템 홍보 175
신규 설비 설치 28
신규 자본 투자 162
신뢰성 19, 216
실 보유 시간 79
안전 작업 119
업무 처리 비용 159
에너지 비용 156
예방 보전 20, 36, 37, 115, 124
예방 보전 계획 22
예방 보전 미수행 119
예방 보전 정보 갱신 115
예방 보전 정보 등록 115
예방 보전 주기 199
예방 보전 지능화 199

예산 대비 지출 보고서 44
예산 변동 보고서 44
예산 초과 비용 118
예지 보전 116
예지 보전 시스템 227
완성 스테이지 71
유틸리티 비용 42
유휴 정비 40
이력 관리 22
인력 별 작업 효율 117
인지 스테이지 68
일반 정비 37
일정 계획 107
일정 계획 방법 77, 203
입고 반품 114
입고 전표 114
입력 장치 95
자재 비용 163
자주 보전 207
자주 보전 시스템화 213
작업 계획 30, 103
작업 공구 105
작업 관리 32
작업 기술 103
작업 대기 119
작업 백로그 118
작업 비용 34, 117
작업 시간 예상 77
작업 완료 현황 117
작업 요청 31, 37
작업 유형 34
작업 인력 31

작업 일지 22
작업자 관리 108
작업 절차 104
작업 지시 126
작업 지시 백로그 102
작업 지시 번호 82
작업 지시서 76
작업 지시서 갱신 106
작업 지시서 등록 100
작업 지시서 마감 108
작업 지시서 형식 83
작업 지시 시스템 82
작업 지시 우선순위 116
재고 실사 112
저장 장치 94
전문가 시스템 228
전사적 자원 관리 18
정보 시스템 208
종속 관계 105
주간 일정 계획 108
주변 장치 92
지급 관리 164
지표 관리 214
직능 별 작업 효율 117
총 보유 시간 79
추정 시간 79
컴퓨터 시스템 90
크리티컬 패스 21
타임 슬롯 77
평균 고장 발생 시간 35
평균 고장 수리 시간 20
평균 복구 시간 35

표준 시간 78
품질 비용 158
프로젝트 성 보전 작업 절약 금액 150
프린터 93
플랜트 종합 효율 215
플로터 93
하드웨어 91
현 기록 갱신 173
홀딩 코스트 21
화재 진압 47
활동 단위 중추 207
효과 창출 197

APS 30
ARM 19
Asset Care System 205
Asset Crisis 12
AUC 207
Availability 19
BM 비용 199
BNR 209
CAD 시스템 228
CMMS 11, 18, 96
CMMS Check Sheet 124
CMMS 도입 139
CMMS 도입 효과 금액 141
CMMS 패키지 121
CMS 208
Critical Path 21
Downtime 197
DSS 203
EDM 210

ERP 18
FPO 210
HIM 212
Holding Cost 21
JIT 61
LBS 209
Load Balancing 21
Maintainability 19
MFF 211
MMM그리드 63
MNA 211
MTBF 35
MTTR 20, 35
Over Maintenance 31, 97
PM Band 201
PM 비용 199
PONC 18
RAL 208, 212
Reliability 19
Retrofit Maintenance 40
RPU 209, 213
Shutdown Maintenance 40
TBM 36, 115
TEI 61
TMM 212
TPM 18, 227
TQC 61
UBM 36, 115